普通高等教育“十一五”国家级规划教材配套教材

工程制图习题集

（第二版）

主　编　赵增慧
副主编　丁　乔　金　文　韩　豹　王晓华　魏晓波

中国石化出版社

内 容 提 要

本书是根据教育部工程图学课程指导委员会2005年制定的“普通高等院校工程图学课程教学基本要求”，并参考全国多所高等院校历年来教学改革的经验编写，是普通高等教育“十一五”国家级规划教材《工程制图》（第二版）的配套教材。

本书的主要内容包括：制图的基础知识，点、直线、平面的投影原理，立体及其表面交线的投影，组合体，轴测图，机件的表达方法，标准件和常用件，零件图，装配图，管道布置图等。

本书适用于普通高等学校48～80学时的工程制图课程的教学。

若使用习题集答案，请与作者联系。联系方式：zhaozenghui@ bipt. edu. cn。

图书在版编目（CIP）数据

工程制图习题集／赵增慧主编．—2版．
—北京：中国石化出版社，2012.2（2013.6重印）
普通高等教育“十一五”国家级规划教材配套教材
ISBN 978－7－5114－1409－0

Ⅰ．①工…　Ⅱ．①赵…　Ⅲ．①工程制图－高等学校－习题集　Ⅳ．①TB23－44

中国版本图书馆CIP数据核字（2012）第016635号

中国石化出版社出版发行

地址：北京市东城区安定门外大街58号
邮编：100011　电话：(010)84271850
读者服务部电话：(010)84289974
http://www. sinopec-press. com
E-mail：press@ sinopec. com
北京金明盛印刷有限公司印刷
全国各地新华书店经销

*

787×1092毫米8开本20.5印张
2013年6月第2版第2次印刷
定价：36.00元

前　　言

本书是普通高等教育“十一五”国家级规划教材《工程制图》的配套习题集，是根据教育部工程图学课程指导委员会2005年制定的“普通高等院校工程图学课程教学基本要求”，并参考全国多所高等院校历年来教学改革的经验编写。本书有如下特点：

（1）为适应不同学时和不同专业学生学习的需要，选编了足够数量的题目。习题的选择注意加强《机械制图》国家标准的贯彻执行，注意加强投影原理的基本知识的学习，使习题的难易程度能循序渐进。

（2）结合一般工科院校的人才培养目标，根据当前学生状况、社会需要所发生的新的变化，注意加强工程概念训练，强调制图课程的素质和能力培养作用，加强使用绘图仪器的技能训练，同时有相当数量的徒手绘图题目，尤其是“轴测图”的练习全部提供了绘图坐标，方便学生快速徒手绘制。

（3）《工程制图》强调学生空间思维能力的培养，画图、读图实践训练是学习本课程的必要环节，在点、线、面、立体、组合体、轴测图、零件、装配体的教学主线中，每一部分都注意强调画图与读图的结合，注意强调阅读零件工程图的能力。

（4）针对“尺寸标注”内容的难点和重点，在组合体、剖视图部分增加了尺寸标注的习题数量。

参加本书编写的高等院校有：北京石油化工学院（第1、2、3章）、东北农业大学（第4、5章）、沈阳化工大学（第6、9、10章）、北京印刷学院（第7、8章）、沈阳工业大学辽阳校区（配套多媒体课件）。所有参加编写的院校均投入了大量的教师资源，由赵增慧任主编，由丁　乔、金　文、韩　豹、王晓华、魏晓波、仵亚红、孙轶红编写，还有许多老师提出了有益的修改意见。

由于作者水平有限，书中内容不当及错误之处敬请各位读者批评指正。

编者

2012年元月30日

目　　录

1 字体练习。

机械制图名称审核比例重量共张描数技术要求设计

序号单位校院系专业姓名日期学厂班级大学备注件

热处理垫圈球阀端盖其余均为铸造圆角齿轮箱体泵

带传动活塞双头螺柱栓母弹簧滑动轴承代连接淬火

ABCDEFGHIJKLMNOPQRSTUVWXYZ

abcdefghijklmnopqrstuvwxyz

1234567890Rø1234567890

1234567890Rø1234567890

2 在指定位置处，照样画出并补全各种图线和图形。

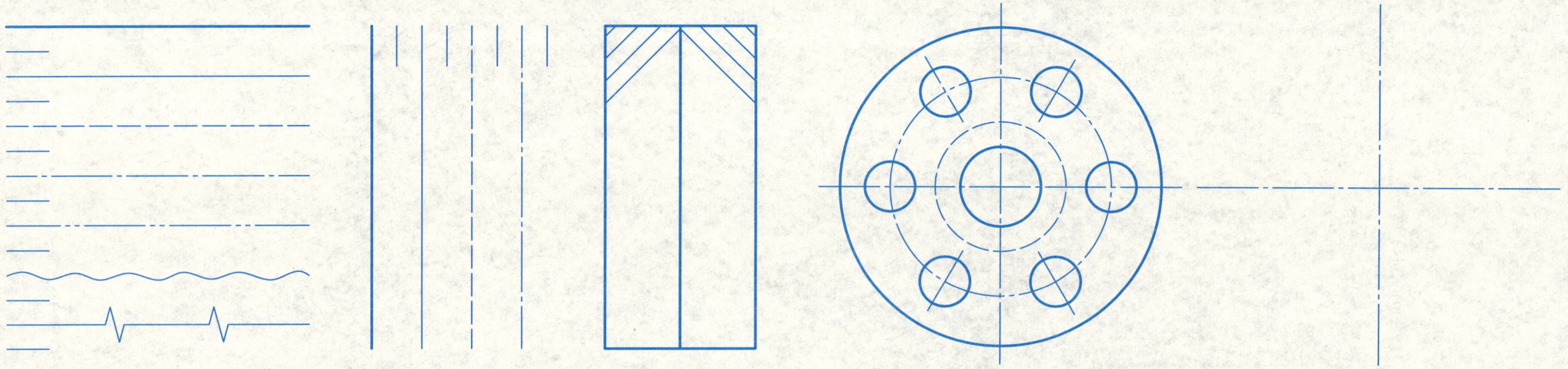

3 参照所示图形，用1:2在指定位置处画出图形，并标注尺寸。

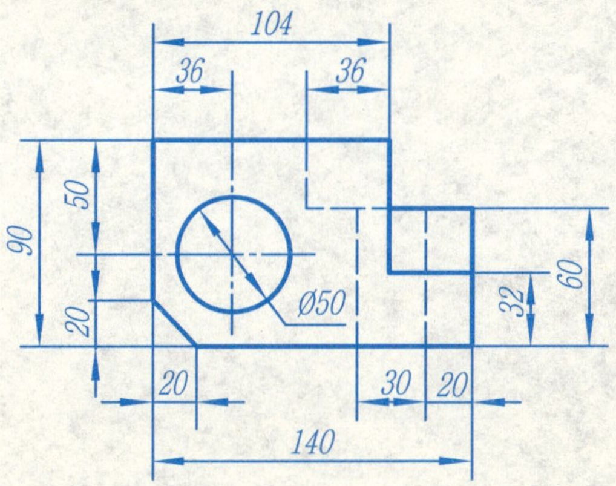

104
36
36
50
90
Ø50
20
60
32
20
30
20
140

4 在指定位置处按1:1的比例抄画图形。

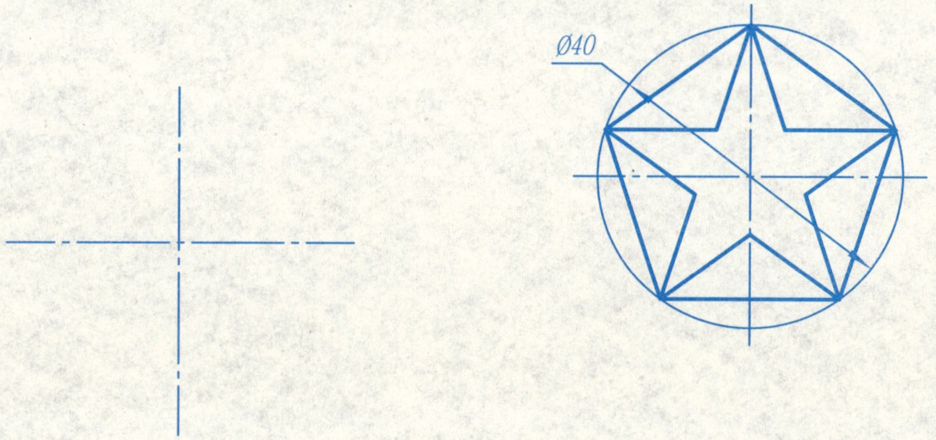

Ø40

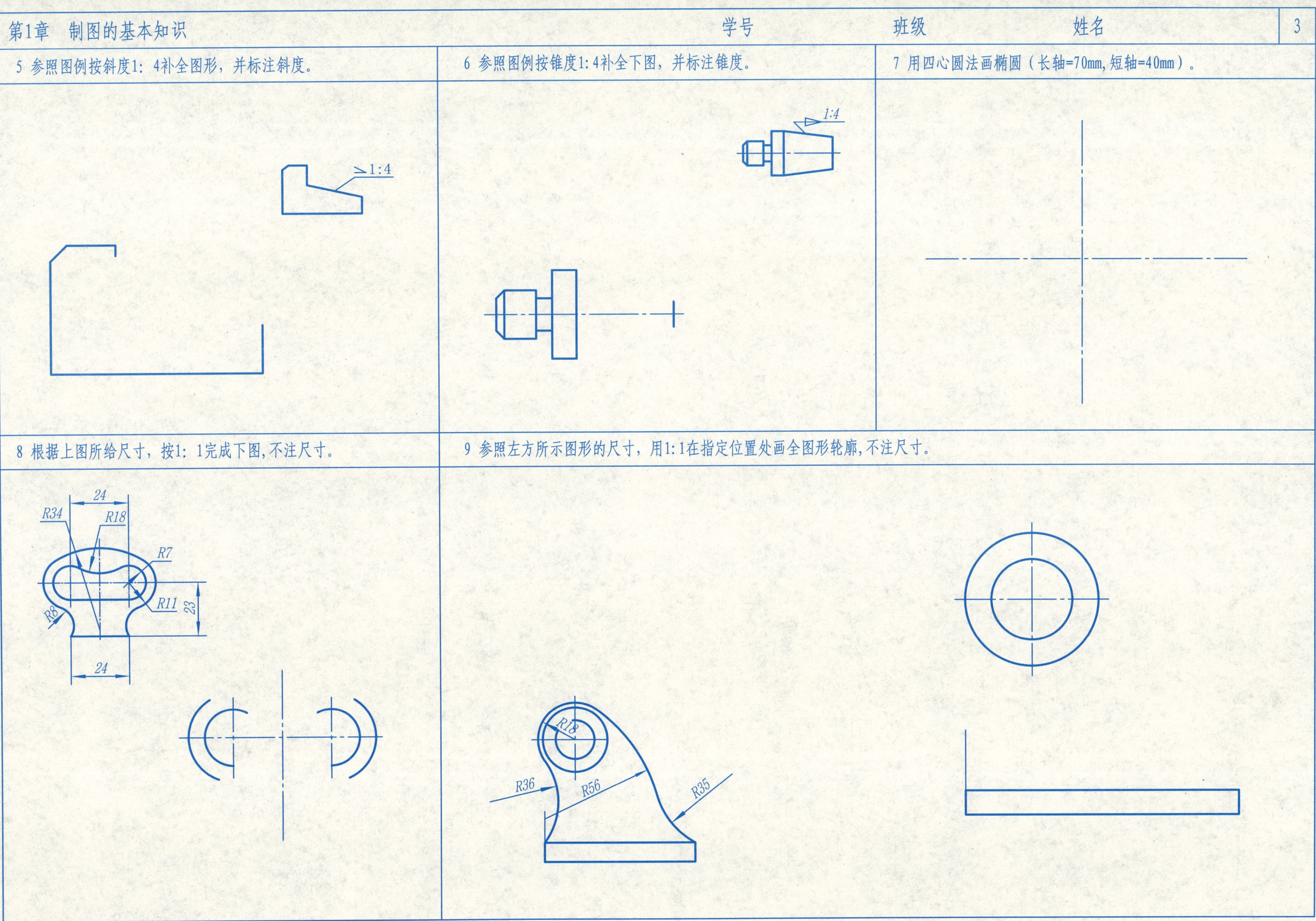
5 参照图例按斜度1：4补全图形，并标注斜度。
≥1:4
6 参照图例按锥度1:4补全下图，并标注锥度。
1:4
7 用四心圆法画椭圆（长轴=70mm，短轴=40mm）。
8 根据上图所给尺寸，按1：1完成下图，不注尺寸。
24
R34
R18
R7
R11
23
R8
24
9 参照左方所示图形的尺寸，用1:1在指定位置处画全图形轮廓，不注尺寸。
R18
R36
R56
R35

10 在平面图形上用1:1度量后，标注尺寸（取整数）。

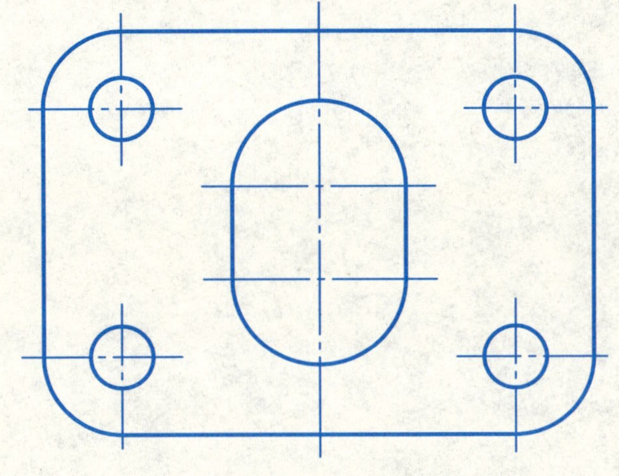

11 校核左边图中尺寸注法的错误，并在右边图中正确的标出尺寸。

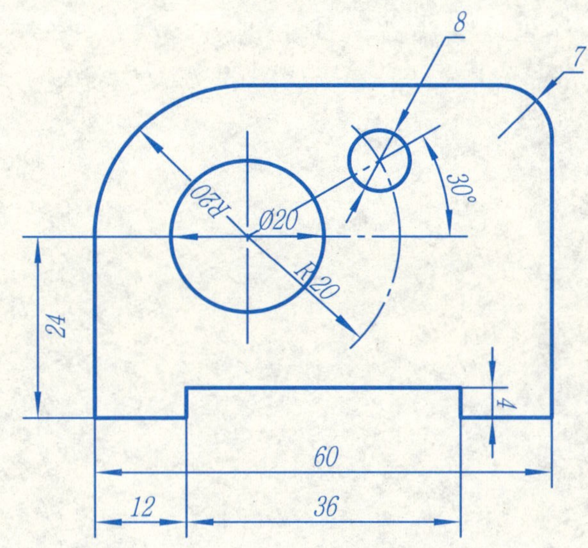

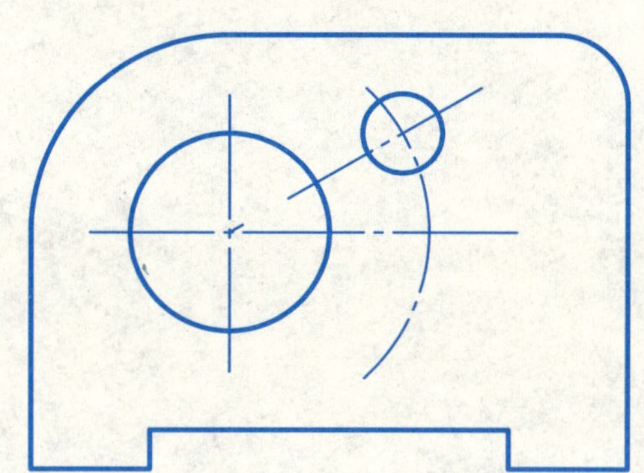

12 在平面图形上用1:1度量后，标注尺寸（取整数）。

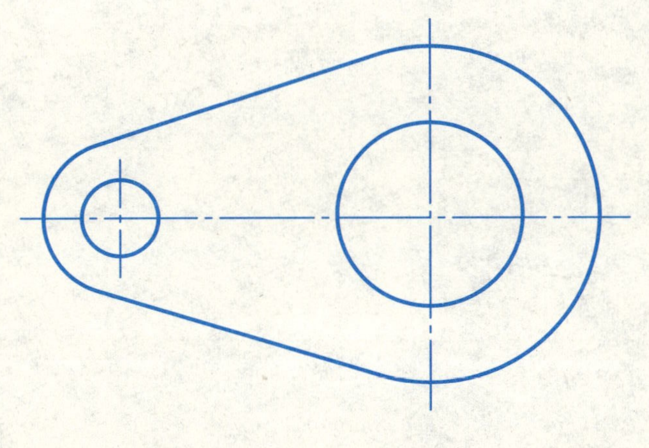

13 校核左边图中尺寸注法的错误，并在右边图中正确的标出尺寸。

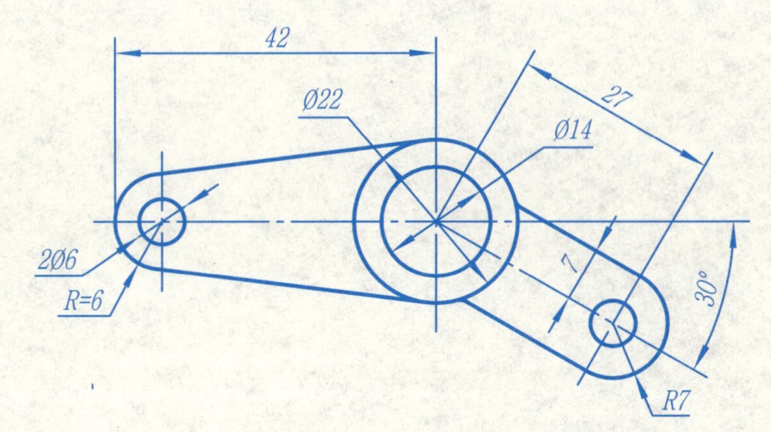

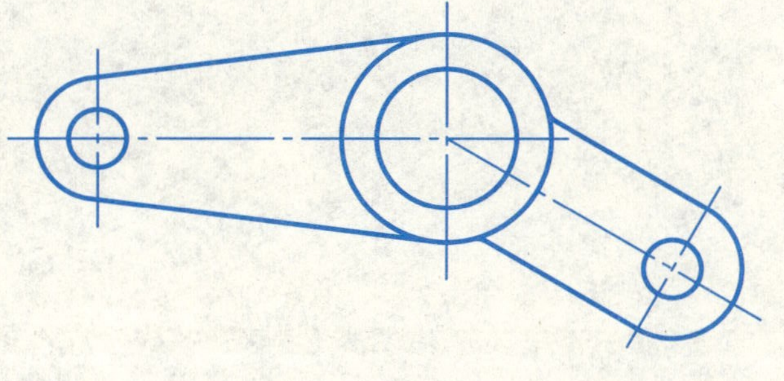

14 根据图中所标注的尺寸，按1：1比例将下图抄画在A3图纸上，不注尺寸。

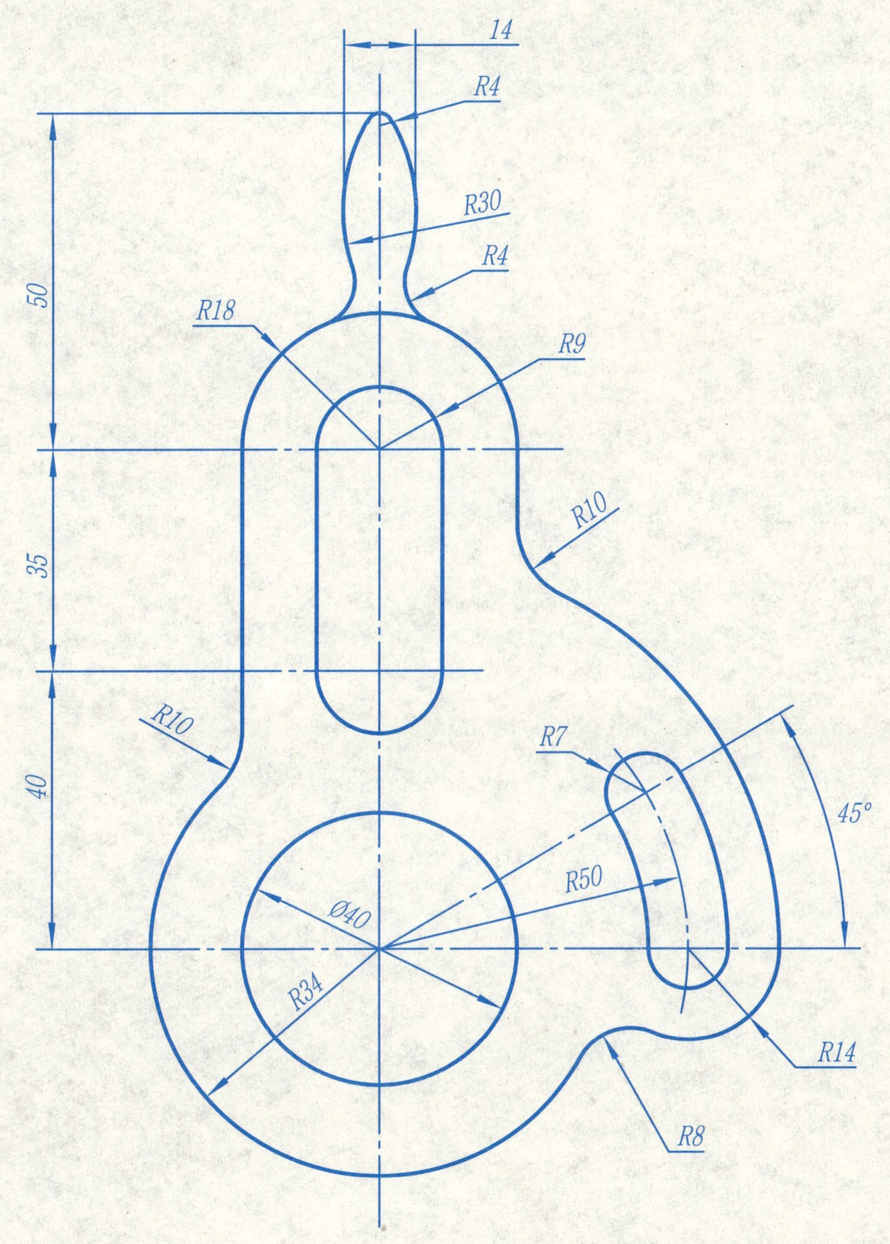

标　题　栏

15 根据图中所标注的尺寸，按1：1比例将下图抄画在A3图纸上，不注尺寸。

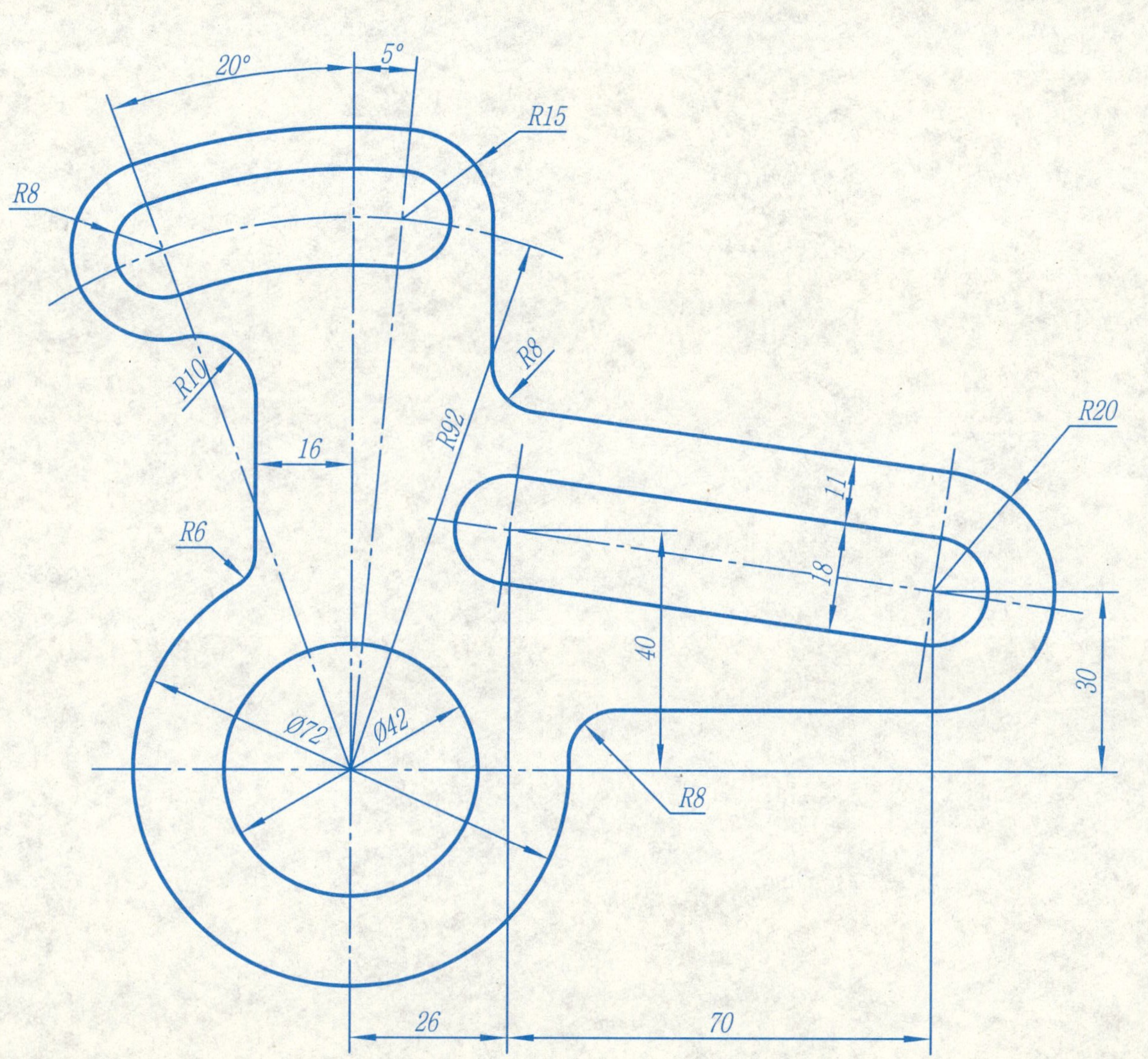

标　题　栏

1 画各点的三面投影图（尺寸按1：1从立体图中量取）。

2 按照立体图作各点的三面投影，并标明可见性。

3 作点A（30，25，35），点B（20，15，10）和点C(10，30，0)的三面投影图。

4 已知点B距离点A为15，点C与点A是对V面的重影点，点D在A的正下方20。补全各点的三面投影，并标明可见性。

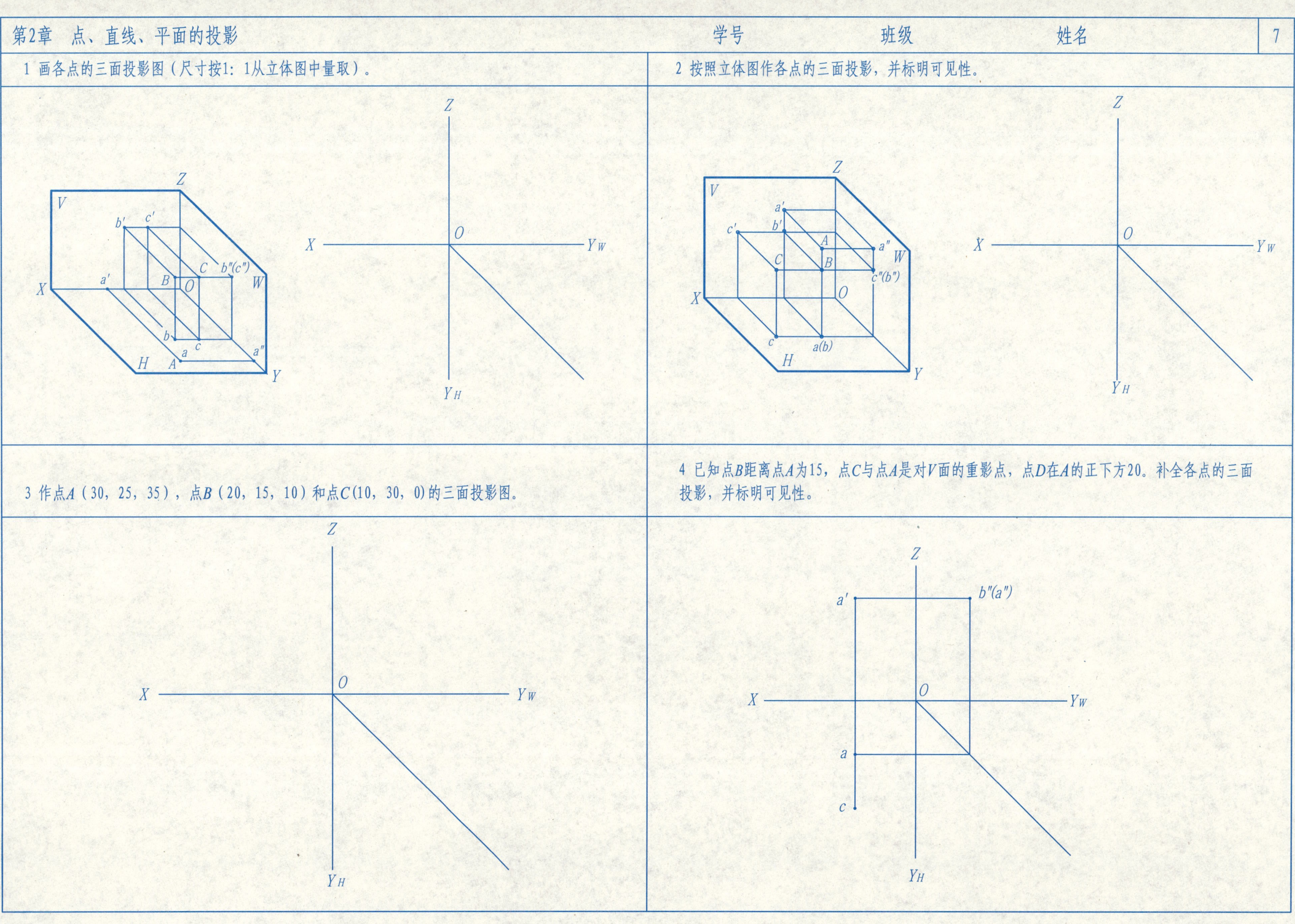

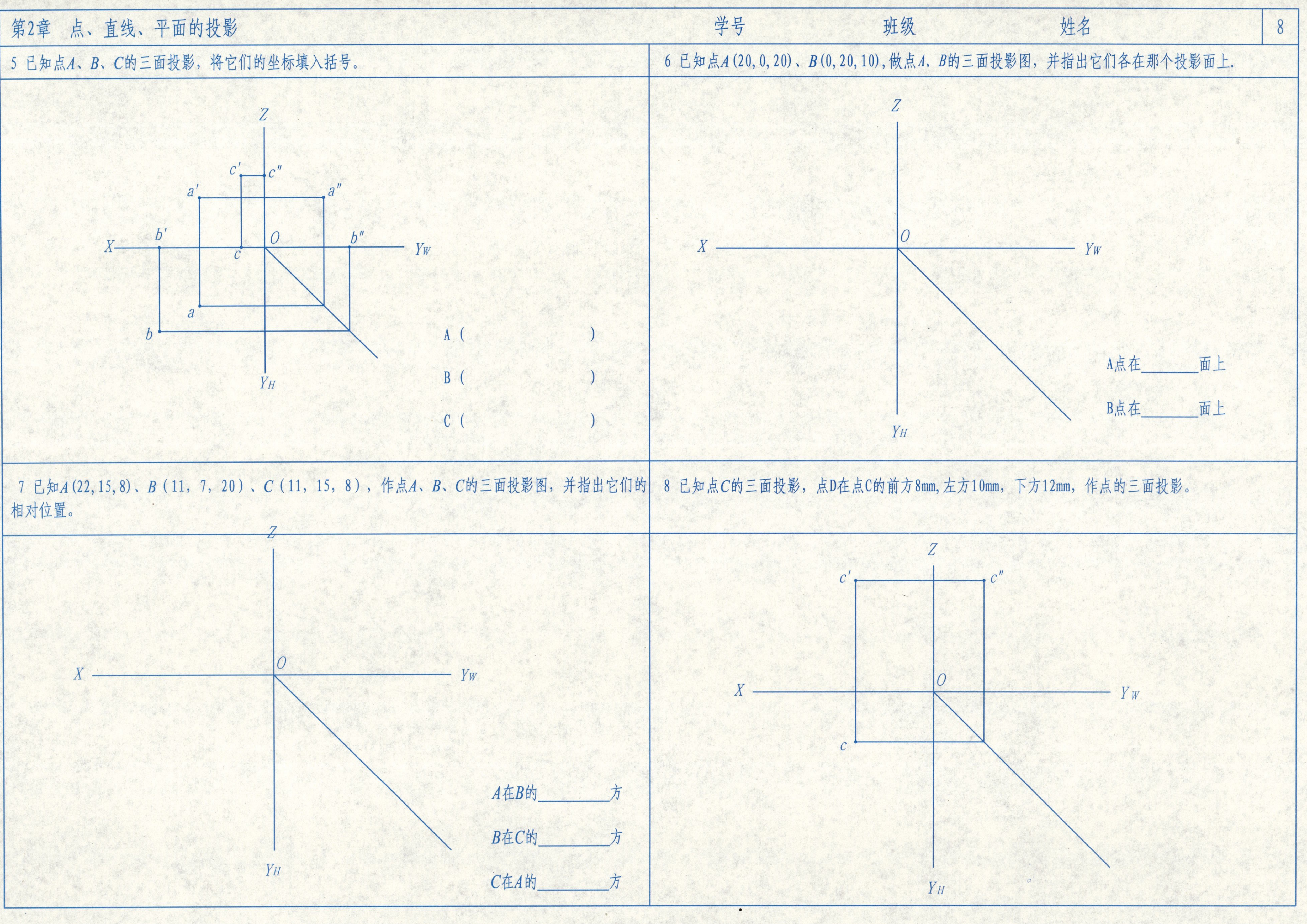

5 已知点A、B、C的三面投影，将它们的坐标填入括号。
Z
c′
c″
a′
a″
X
b′
O
b″
Y_W
c
a
b
Y_H
A（　　　　）
B（　　　　）
C（　　　　）
6 已知点A(20,0,20)、B(0,20,10),做点A、B的三面投影图，并指出它们各在那个投影面上.
Z
X
O
Y_W
Y_H
A点在________面上
B点在________面上
7 已知A(22,15,8)、B（11，7，20）、C（11，15，8），作点A、B、C的三面投影图，并指出它们的相对位置。
Z
X
O
Y_W
Y_H
A在B的________方
B在C的________方
C在A的________方
8 已知点C的三面投影，点D在点C的前方8mm,左方10mm，下方12mm，作点的三面投影。
Z
c′
c″
X
O
Y_W
c
Y_H

9　判断下列各直线是何种位置直线。

AB是________线　CD是________线　EF是________线　GH是________线　AB是________线　CD是________线

11　已知直线CD端点C的投影，CD长20mm，且垂直V面，求直线CD的三面投影。

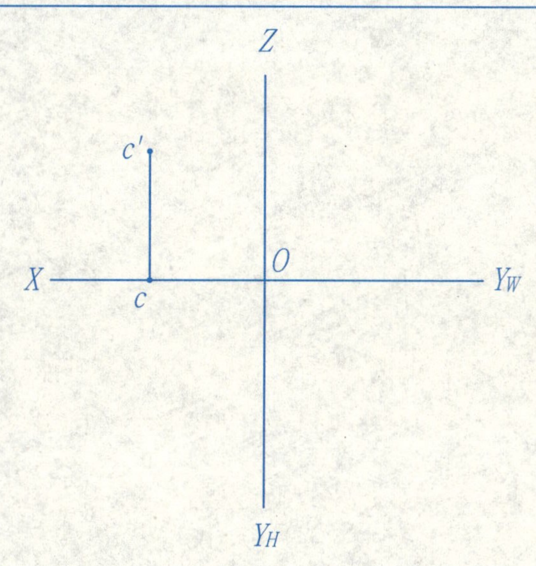

10　求下列各直线的第三投影，并说明各直线是何种位置直线。

(1) AB是______线　(2) CD是______线　(3) EF是______线　(4) GH是______线

(5) AB是______线　(6) CD是______线　(7) EF是______线　(8) GH是______线

12　已知EF//V面，点E、F离H面分别为5mm和15mm，求直线EF的正面投影和侧面投影。

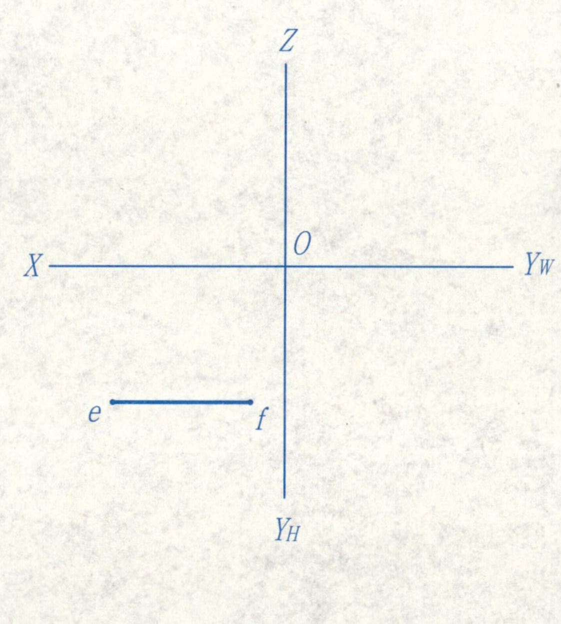

13 判断两直线的相对位置（平行、相交、交叉）。

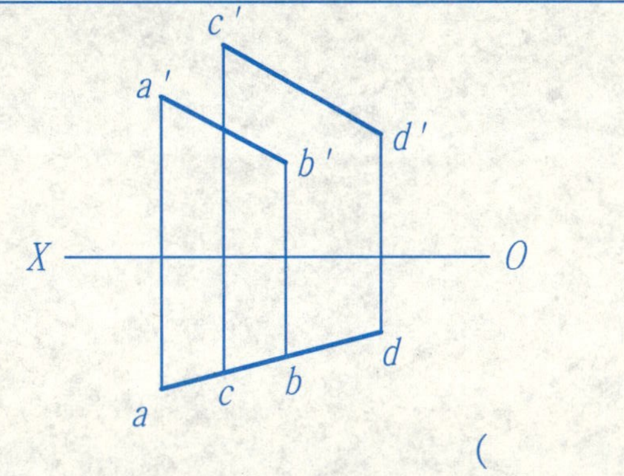

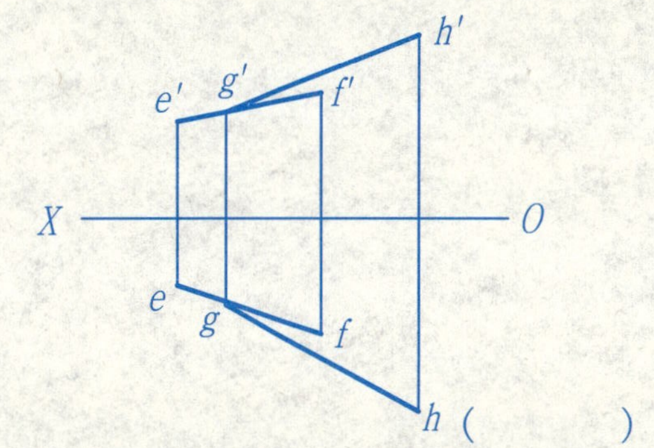

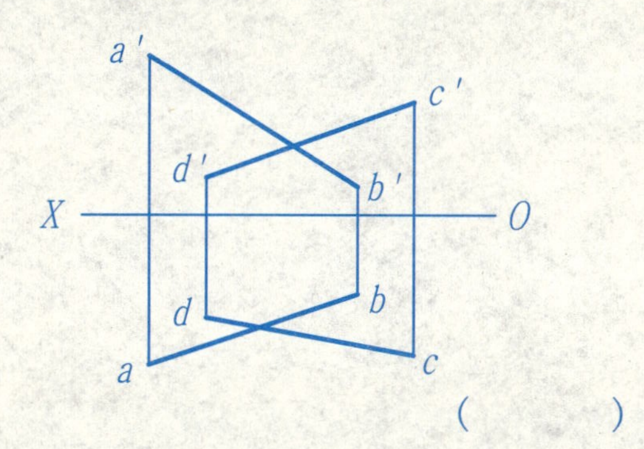

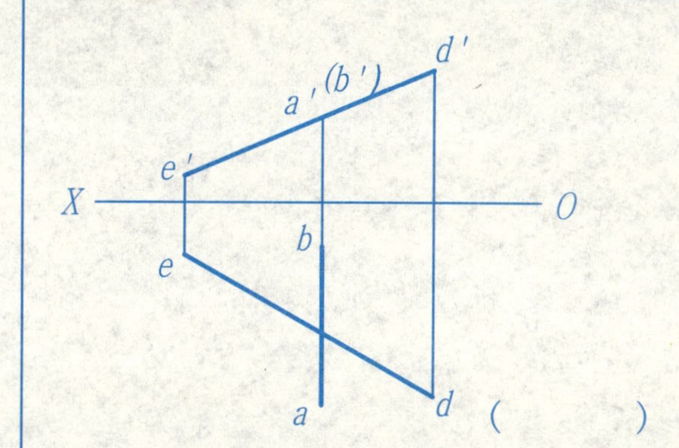

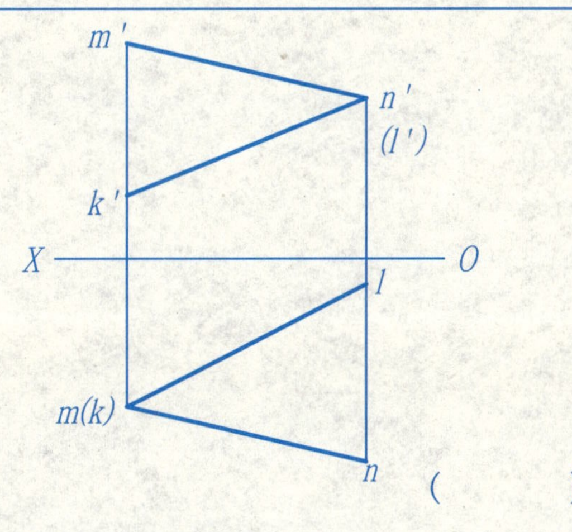

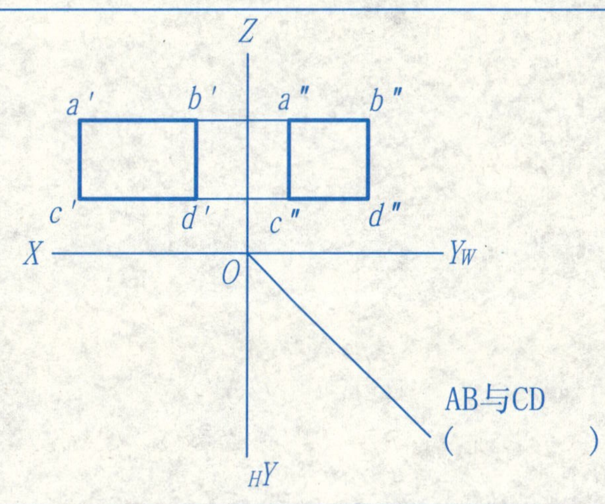

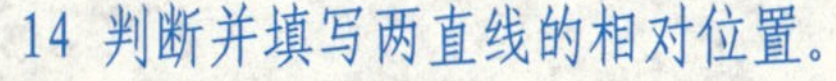

14 判断并填写两直线的相对位置。

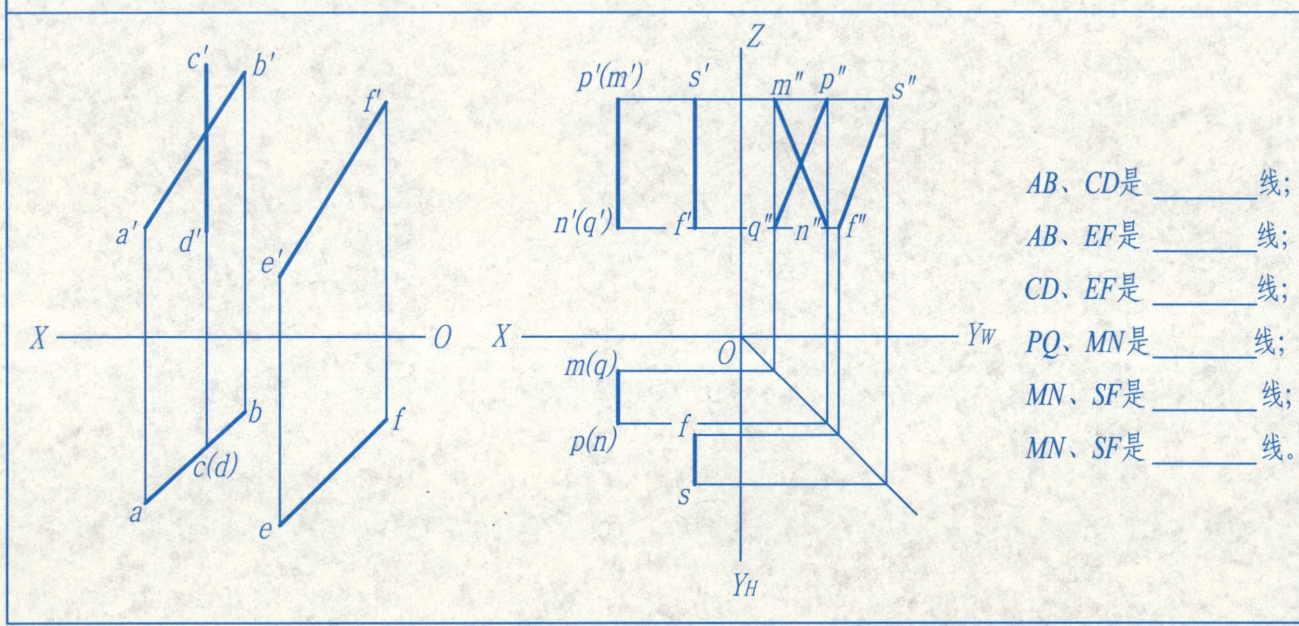

AB、*CD*是________线；

AB、*EF*是________线；

CD、*EF*是________线；

PQ、*MN*是________线；

MN、*SF*是________线；

MN、*SF*是________线。

15 在*AB*、*CD*上作对正面投影的重影点*E*、*F*和对侧面投影的重影点*M*、*N*的三面投影，并标明可见性。

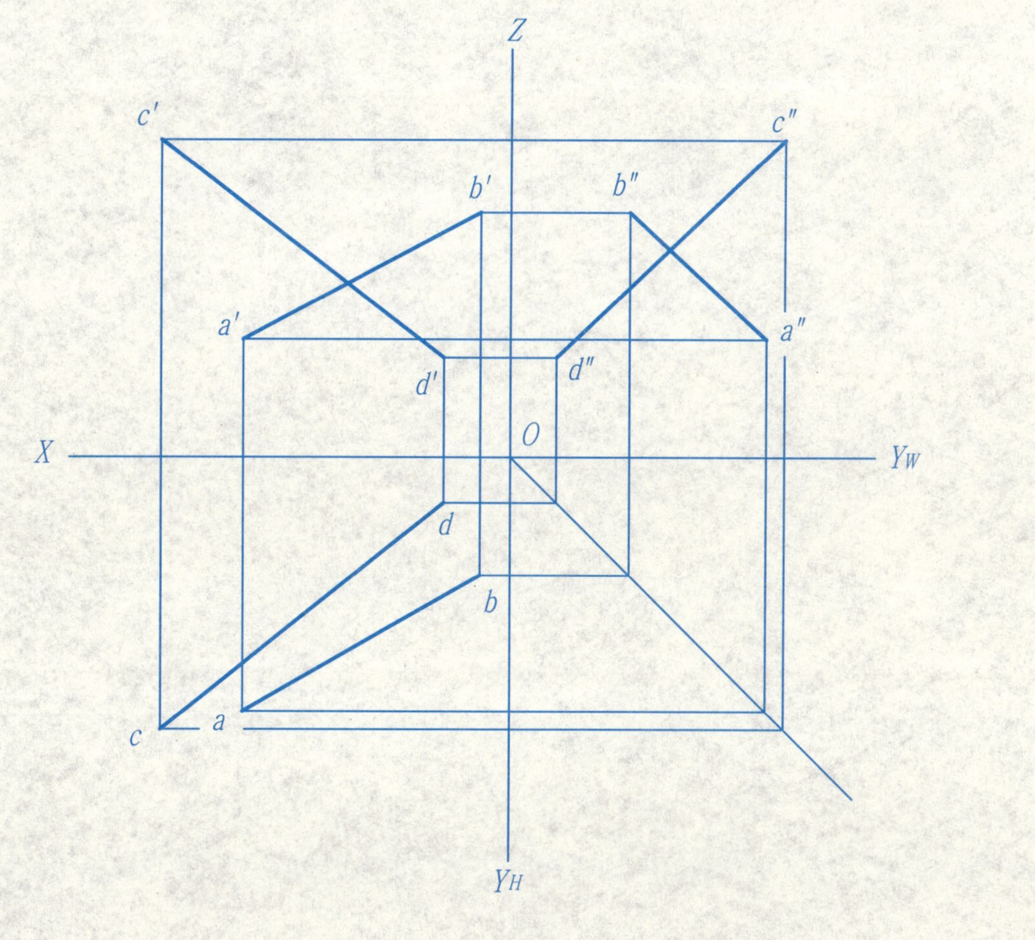

16 已知平面图形的两面投影，求其第三面投影，并说明它们是什么位置平面。

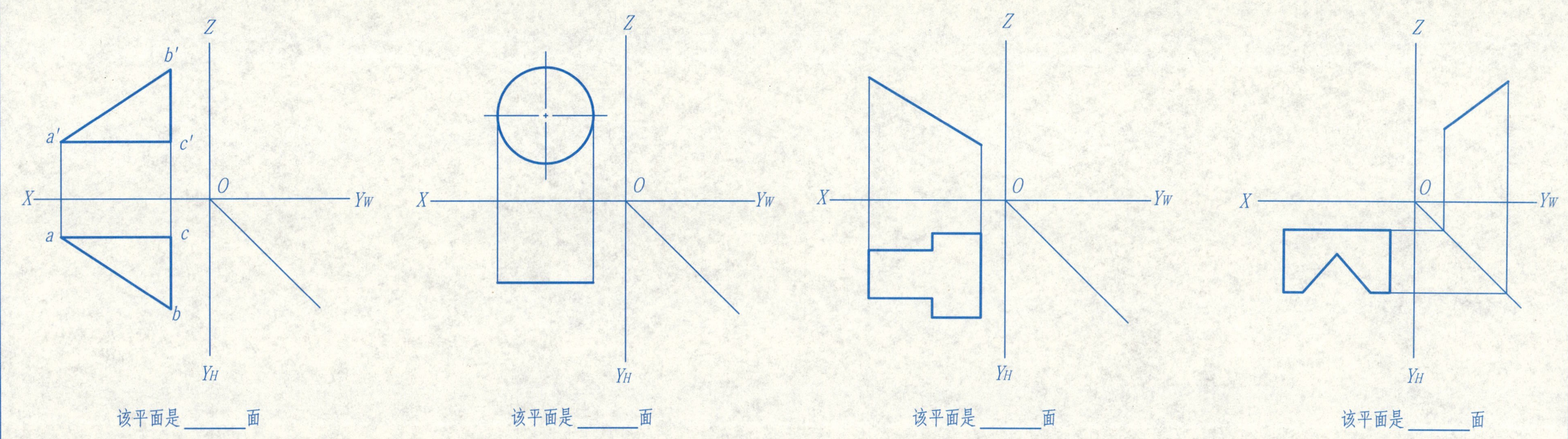

17 求作平面上点的投影。

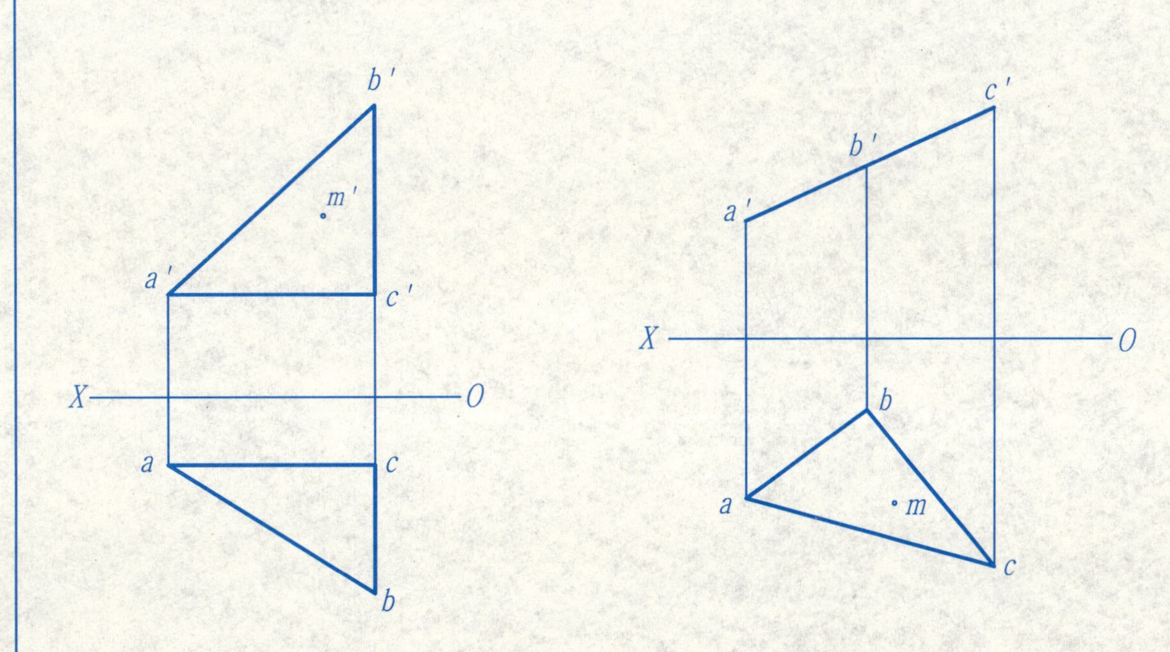

18 根据已知条件求作平面的投影，同时根据平面内的点K的一个投影求作其余两个投影。

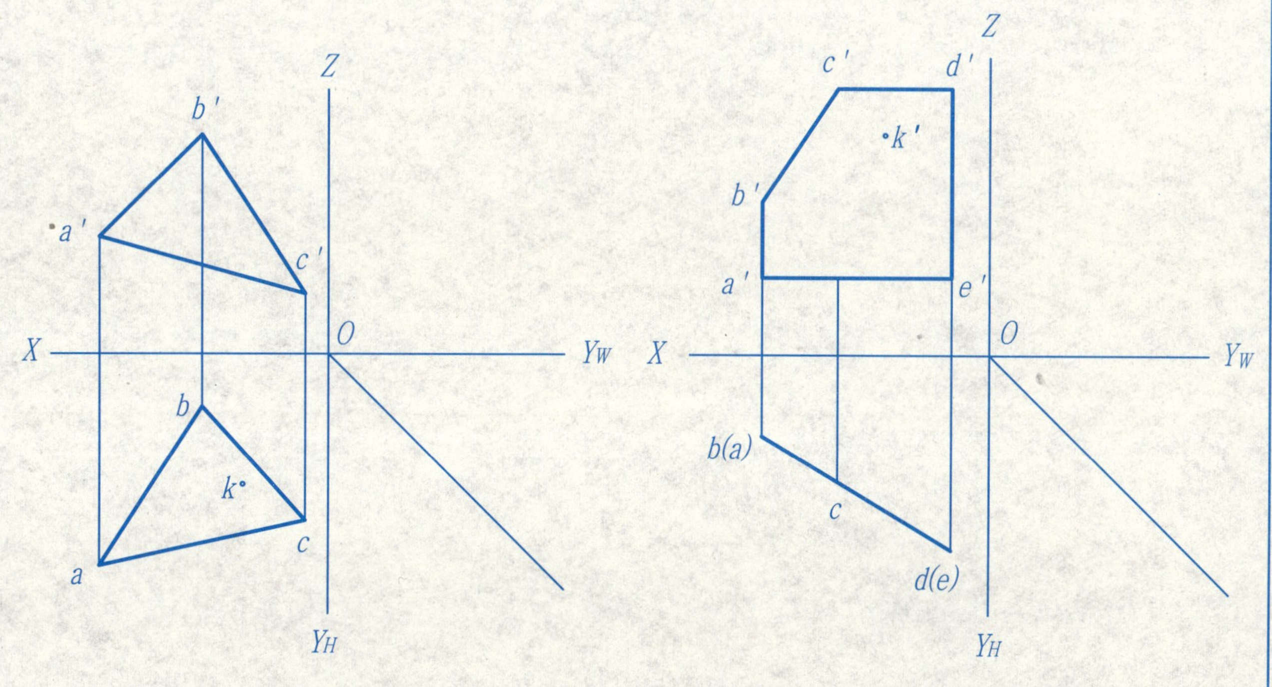

19 已知△*ABC*上一点M的正面投影*m'*，求M的水平投影。

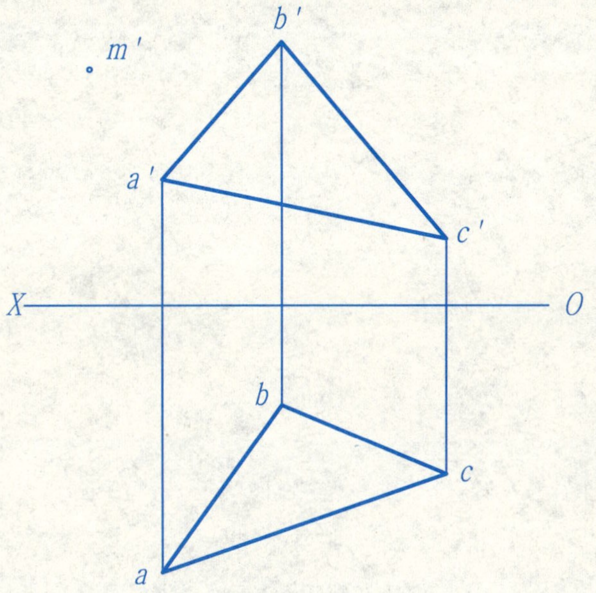

20 在△*ABC*平面上作一距*V*面为15mm的正平线。

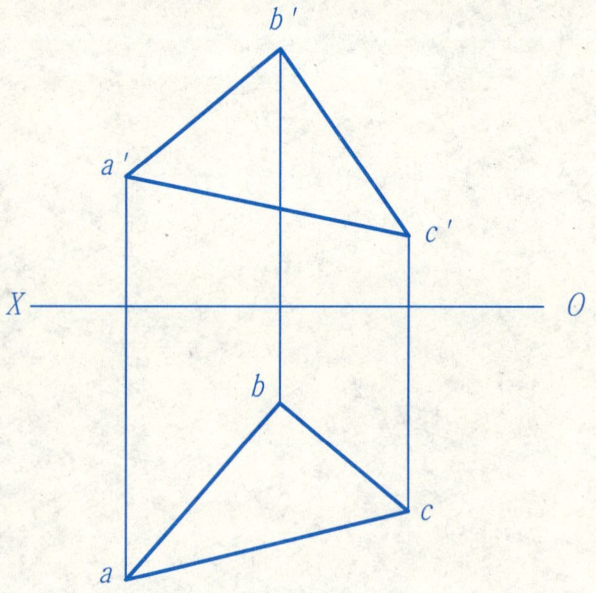

21 完成五边形*ABCDE*的正面投影。

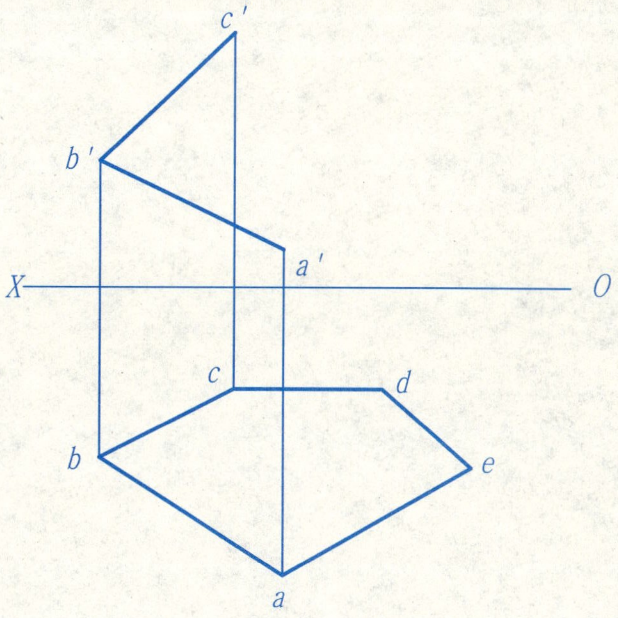

22 已知△*DEF*的两面投影及中空△*ABC*的正面投影，求作△*ABC*的水平投影。

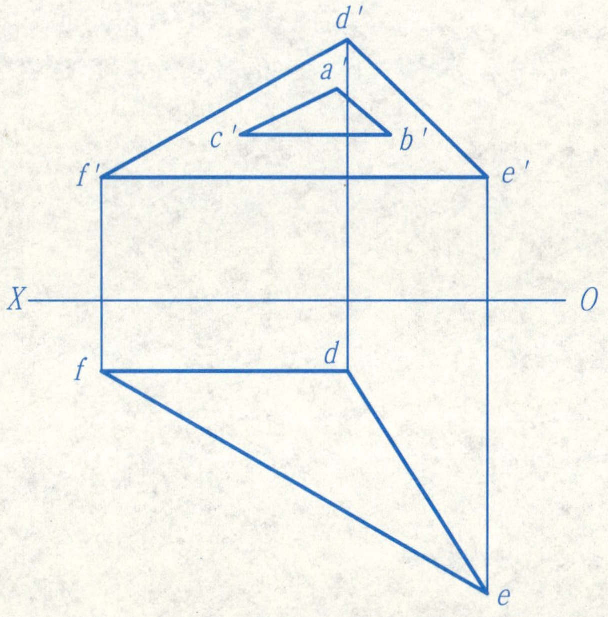

23 作出平面*ABCD*上的△*EFG*的正面投影。

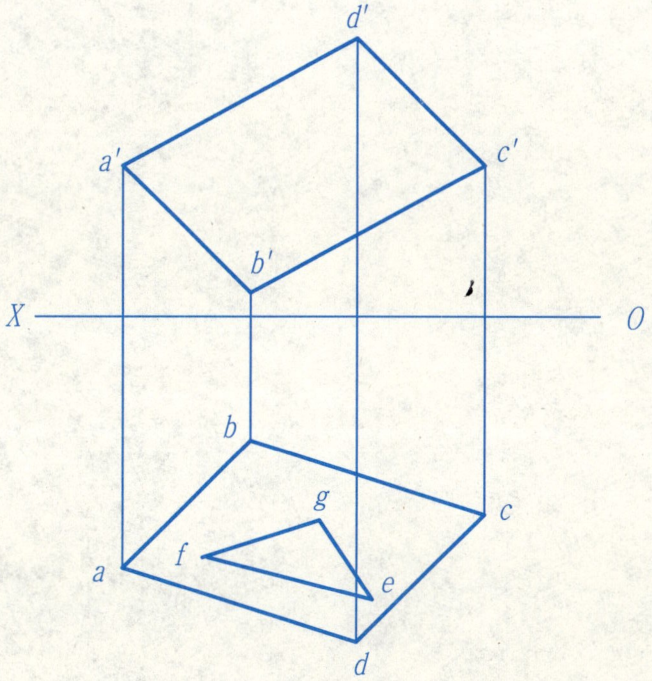

24 补全平面图形*PQRST*的两面投影。

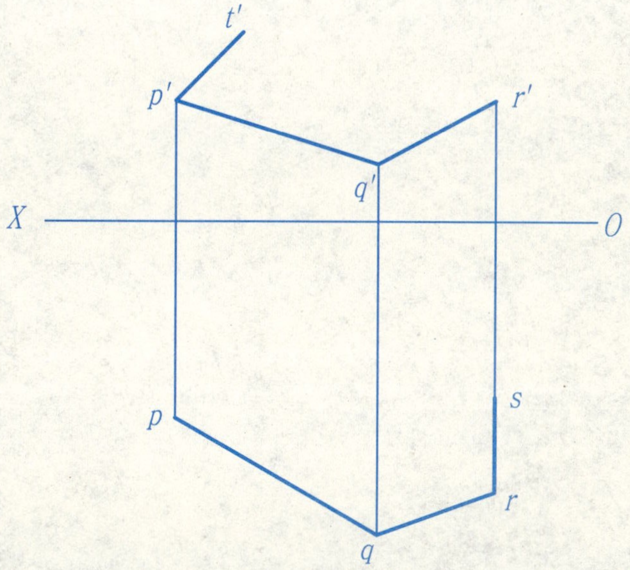

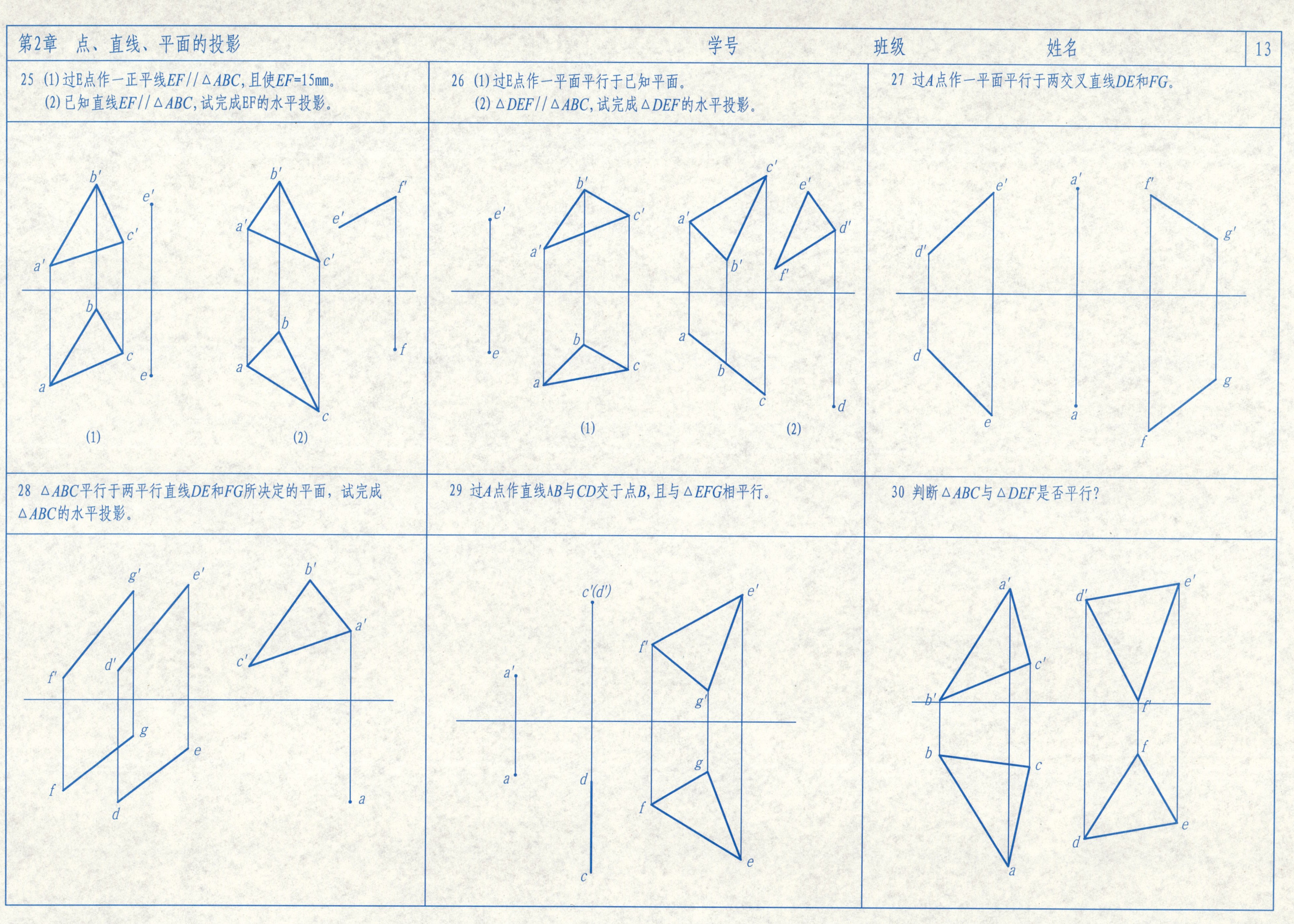

25 (1)过E点作一正平线EF//△ABC，且使EF=15mm。

(2)已知直线EF//△ABC，试完成EF的水平投影。

26 (1)过E点作一平面平行于已知平面。

(2)△DEF//△ABC，试完成△DEF的水平投影。

27 过A点作一平面平行于两交叉直线DE和FG。

28 △ABC平行于两平行直线DE和FG所决定的平面，试完成△ABC的水平投影。

29 过A点作直线AB与CD交于点B，且与△EFG相平行。

30 判断△ABC与△DEF是否平行？

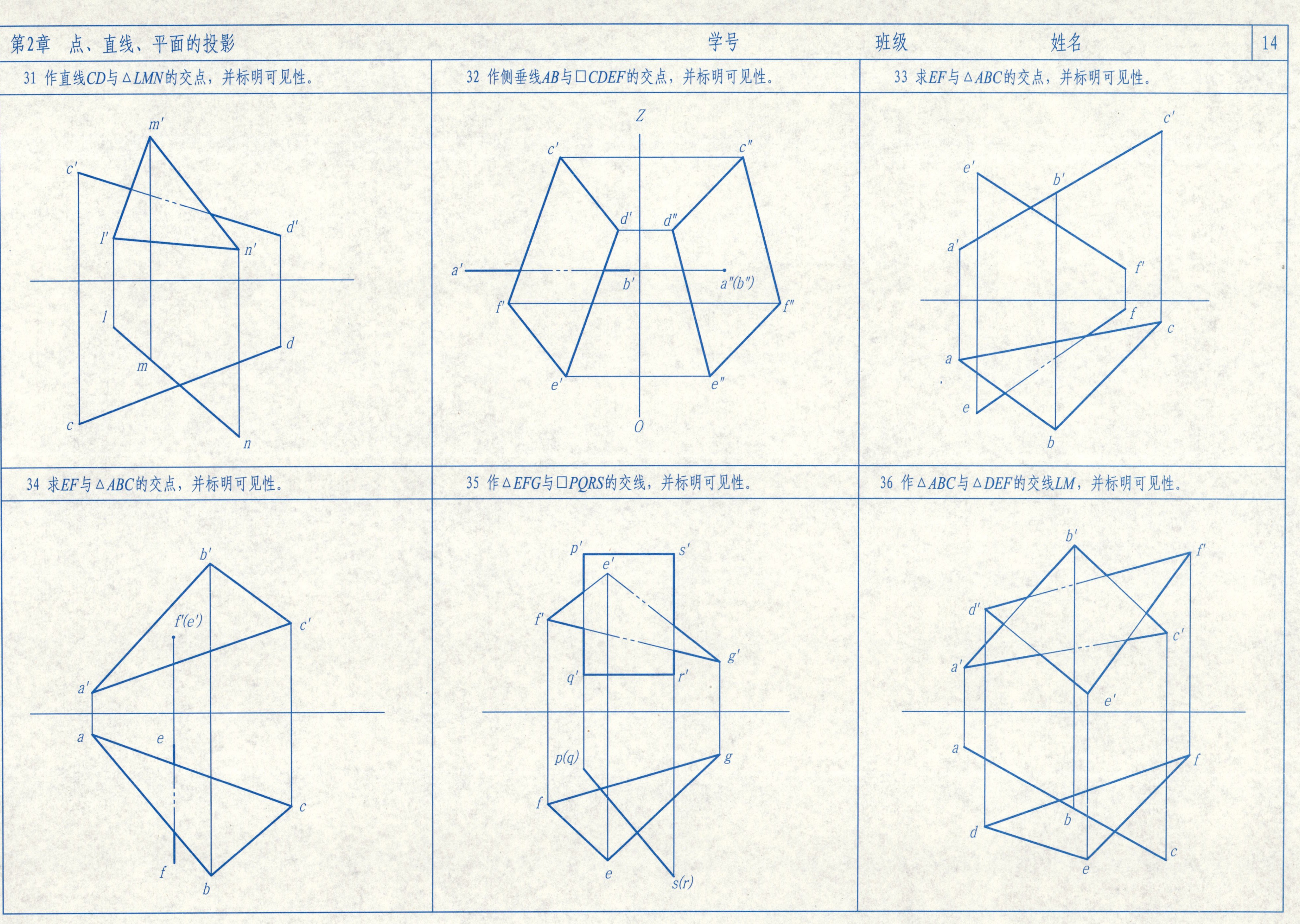
31 作直线CD与△LMN的交点，并标明可见性。
m′
c′
d′
l′
n′
l
d
m
c
n
32 作侧垂线AB与□CDEF的交点，并标明可见性。
Z
c′
c″
d′
d″
a′
b′
a″(b″)
f′
f″
e′
e″
O
33 求EF与△ABC的交点，并标明可见性。
c′
e′
b′
a′
f′
f
c
a
e
b
34 求EF与△ABC的交点，并标明可见性。
b′
f′(e′)
c′
a′
a
e
c
f
b
35 作△EFG与□PQRS的交线，并标明可见性。
p′
e′
s′
f′
g′
q′
r′
p(q)
g
f
e
s(r)
36 作△ABC与△DEF的交线LM，并标明可见性。
b′
f′
d′
c′
a′
e′
a
f
b
d
c
e

1 求作平面立体的第三个视图，并求平面立体表面上点的投影，判断其可见性。

(1)

a′

(b′)

(2)

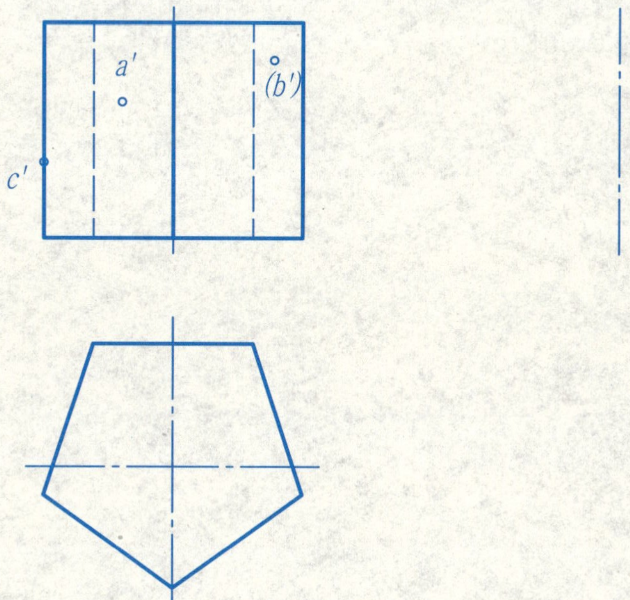

a′

(b′)

c′

(3)

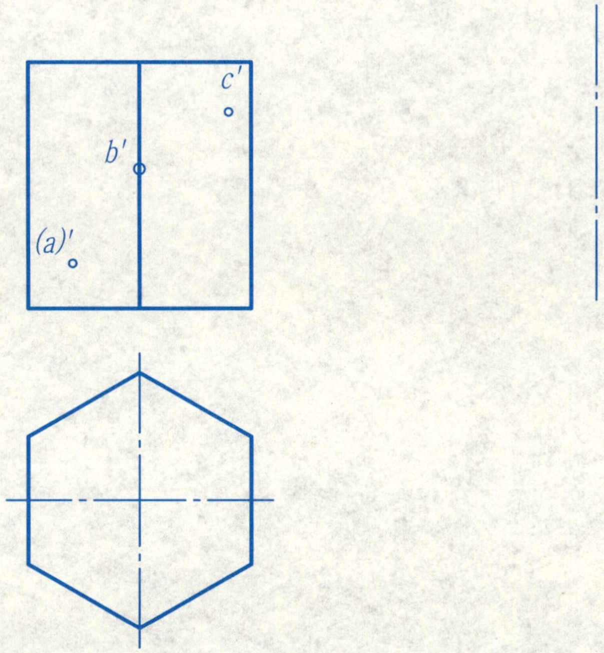

c′

b′

(a)′

(4)

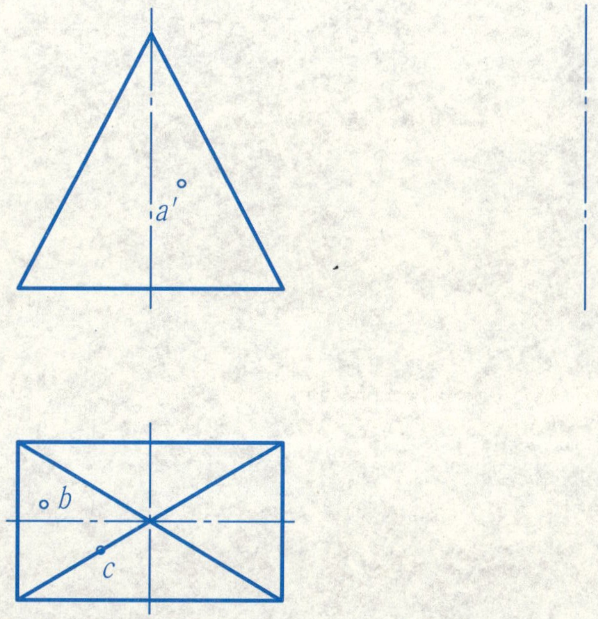

a′

b

c

2 求作曲面立体的第三个视图,并求曲面立体表面上点的其余两投影,判断其可见性。

(1)

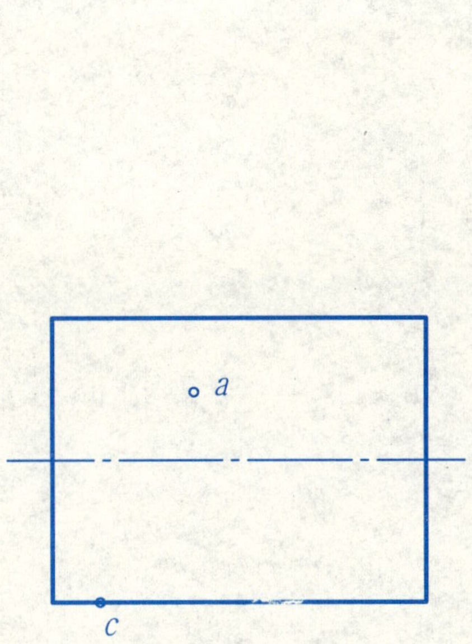

(2)

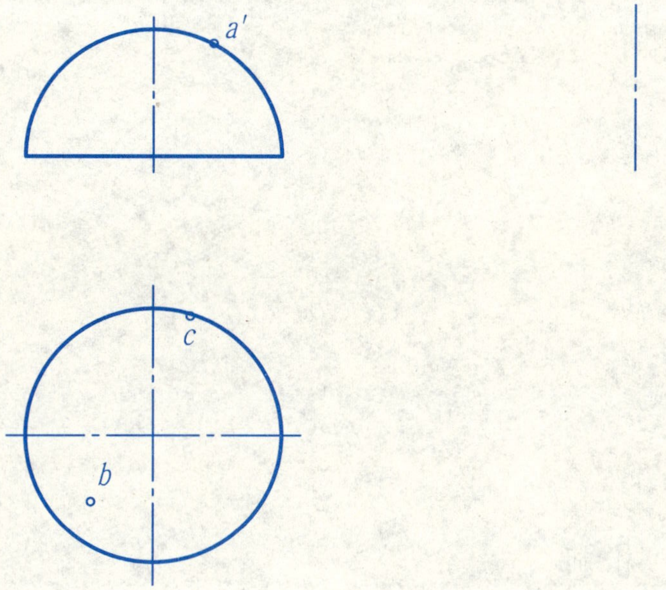

(3)

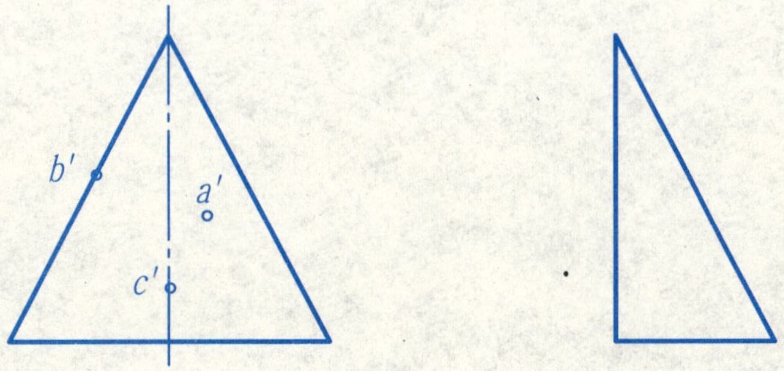

(4)

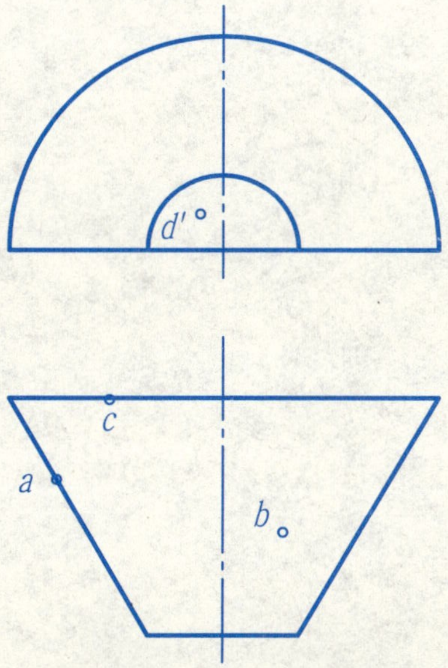

3 求作曲面立体的第三个视图，并求曲面立体表面上点的其余两投影，判断其可见性。

(1)

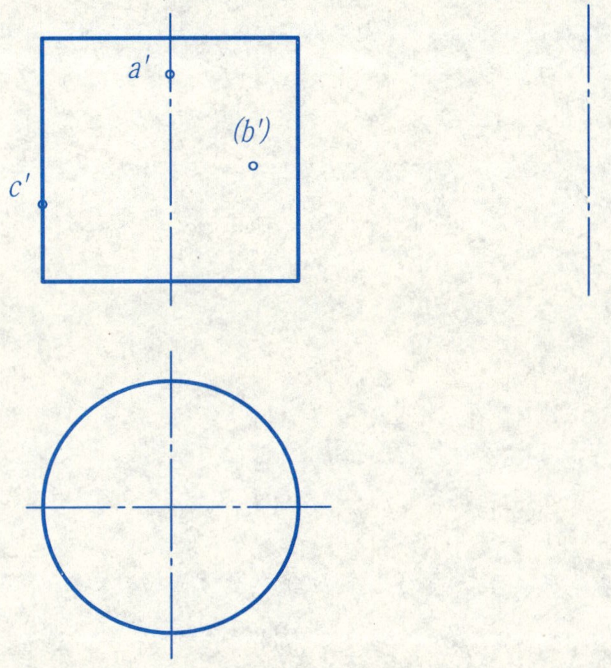

a′ (b′) c′

(2)

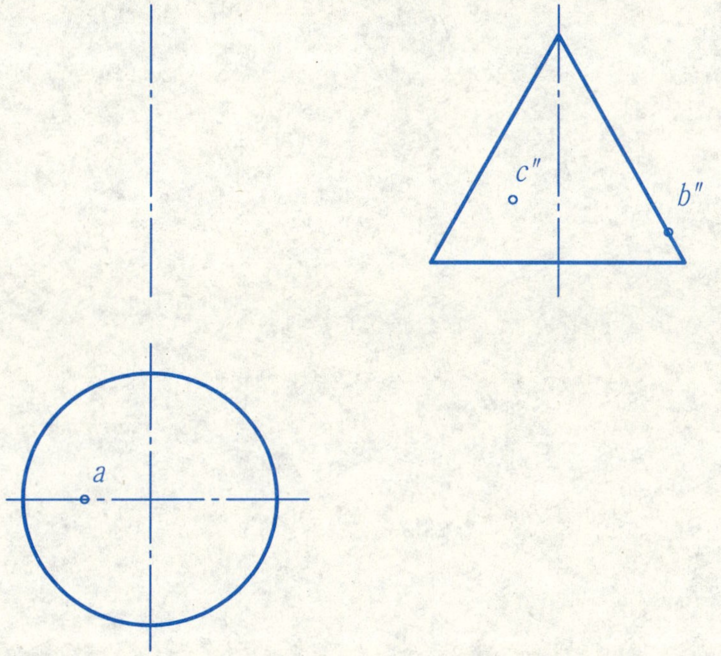

c″ b″ a

(3)

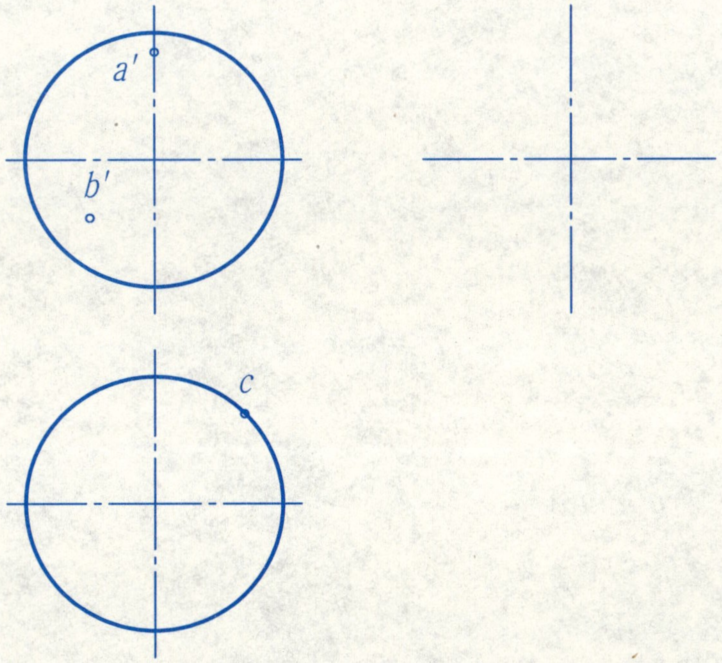

a′ b′ c

(4)

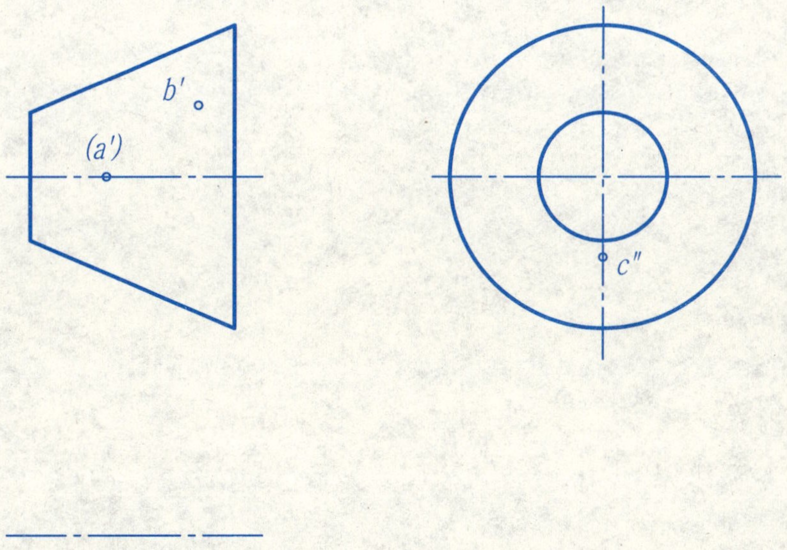

b′ (a′) c″

4 作具有矩形穿孔的正垂三棱柱的侧面投影。

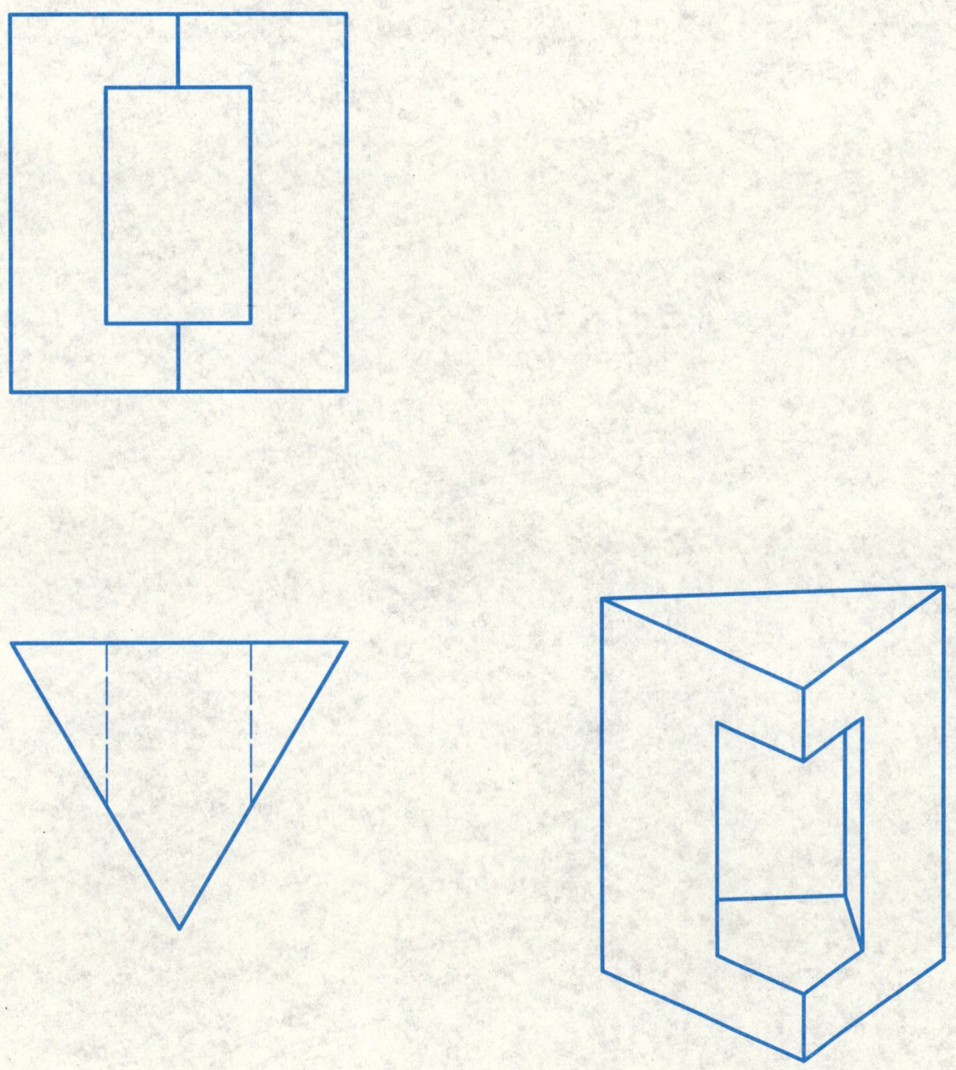

5 作正垂面截断五棱台后侧面投影，补全截断后的水平投影。

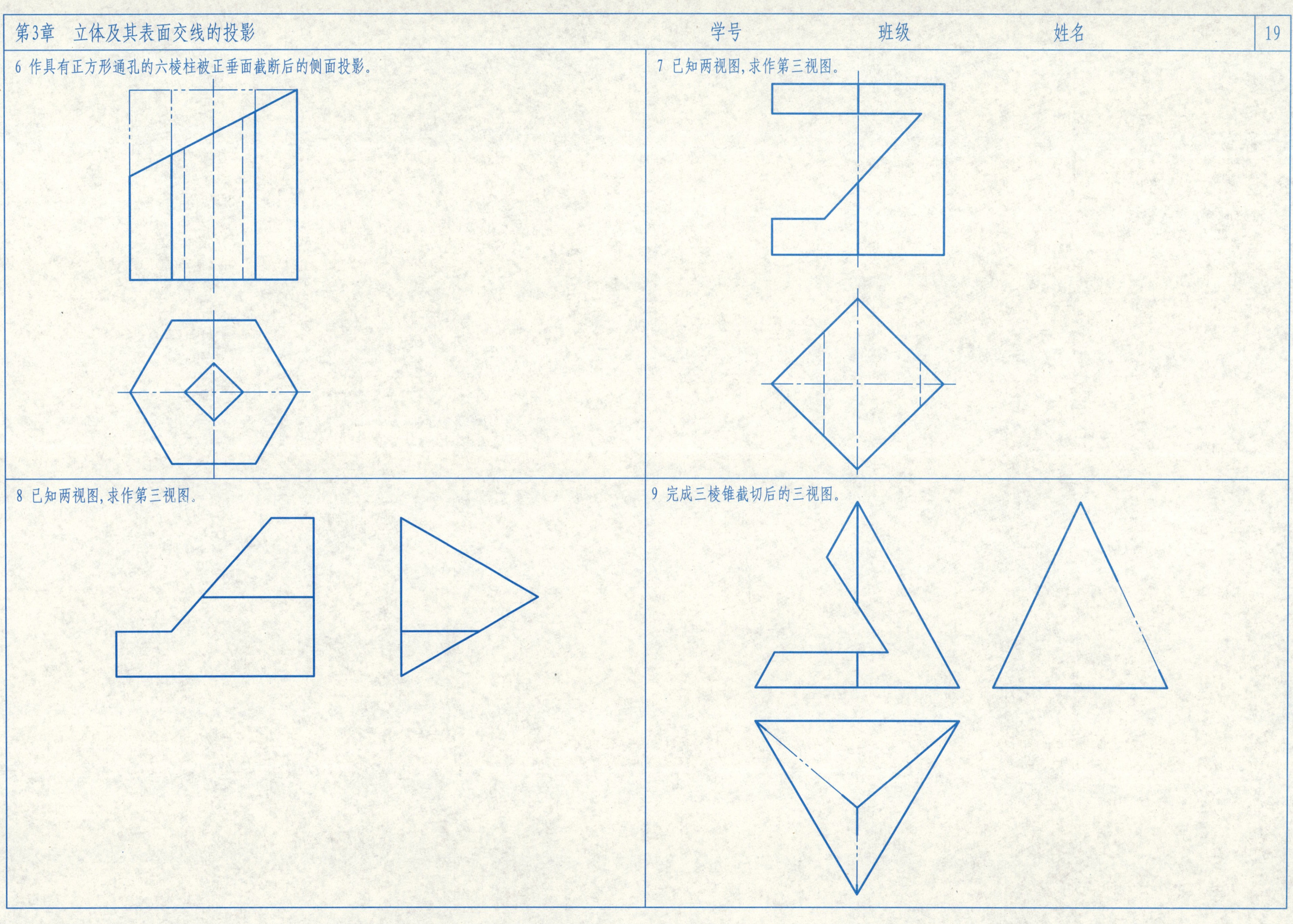
6 作具有正方形通孔的六棱柱被正垂面截断后的侧面投影。
7 已知两视图，求作第三视图。
8 已知两视图，求作第三视图。
9 完成三棱锥截切后的三视图。

10 已知立体的尺寸，徒手绘制立体的主、俯、左三视图。

(1) 正圆柱，外直径Ø30，内直径Ø20，高36，轴线垂直于水平面。

(2) 正圆锥，底圆直径Ø30，高36，轴线垂直于水平面。

(3) 正圆柱，外直径Ø32，高40，内部有阶梯孔，大孔直径Ø25，深12，小孔直径Ø18，通孔，轴线垂直于侧平面。

(4) 正六棱柱，边长16，高36，轴线垂直于水平面。

(4) 正三棱锥，底面是等边三角形，边长28，高36，轴线垂直于水平面。

(6) 正五棱柱，外接圆直径Ø34，高42，内部有阶梯孔，大孔直径Ø22，深12，小孔是四棱柱孔边长16，通孔，轴线垂直于正平面。

11 分析截交线，补全切口基本体的三视图。

(1)

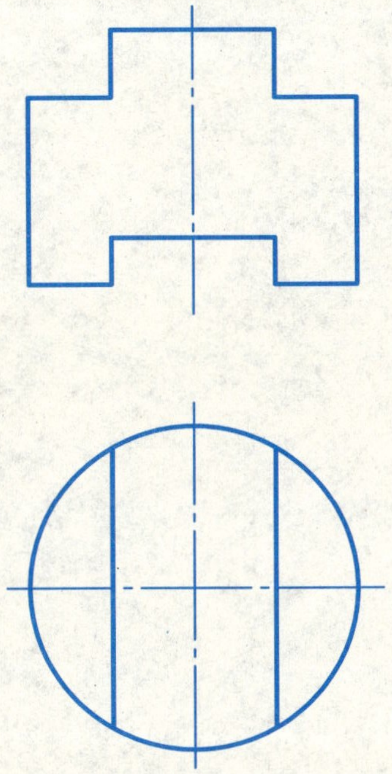

(2)

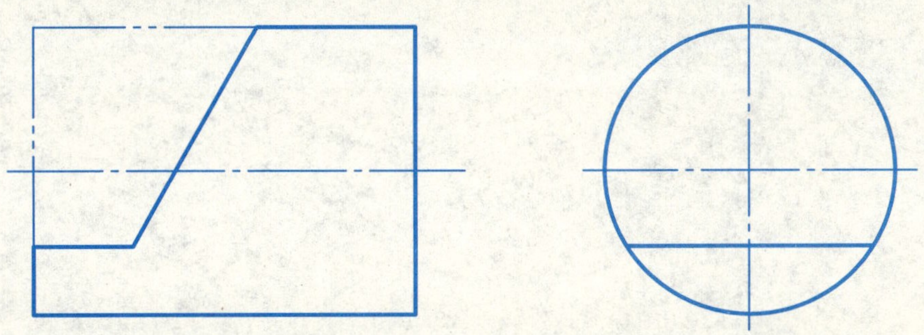

(3)

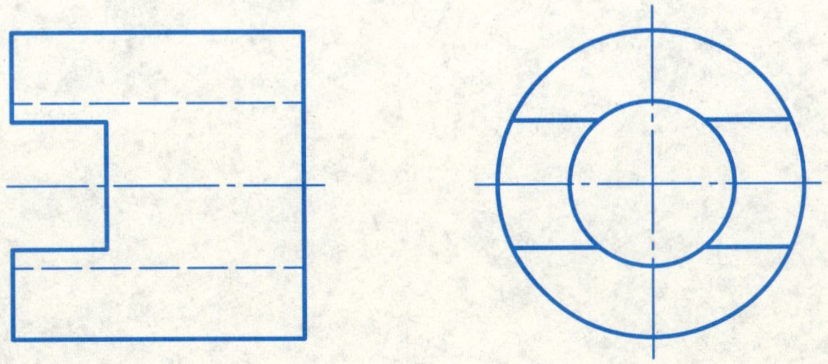

(4)

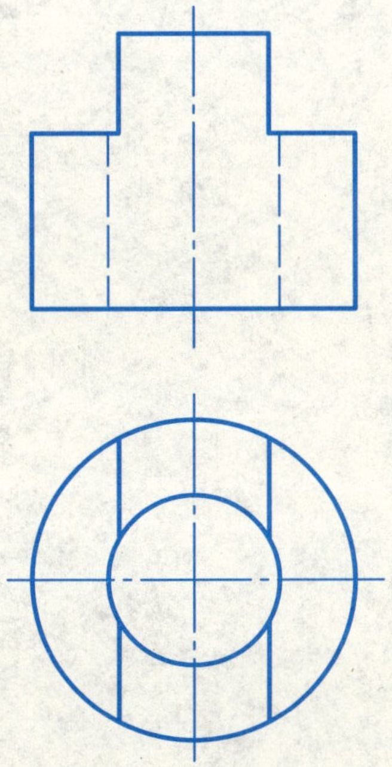

12 补全截断体的视图。

(1)

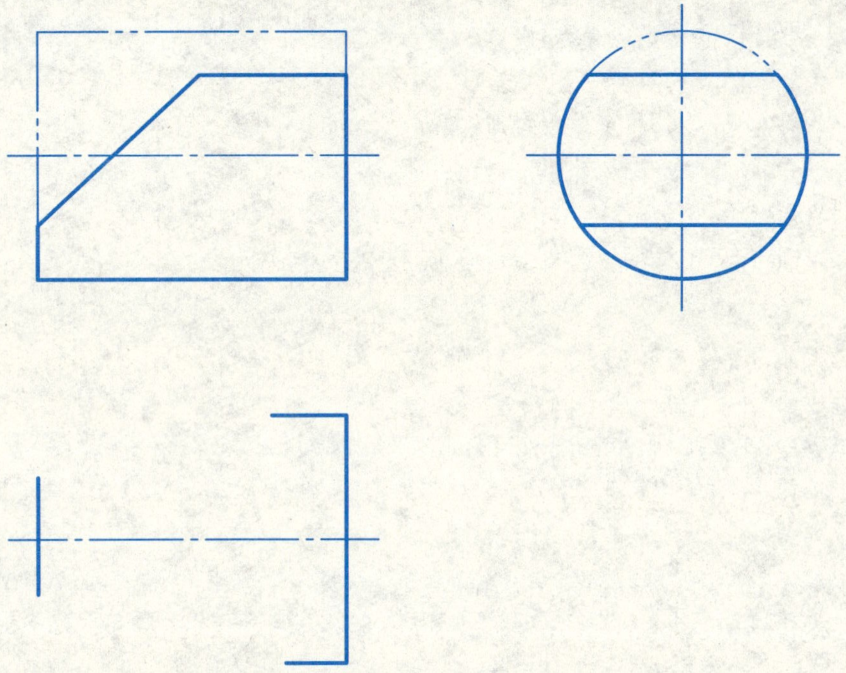

(2)

(3)

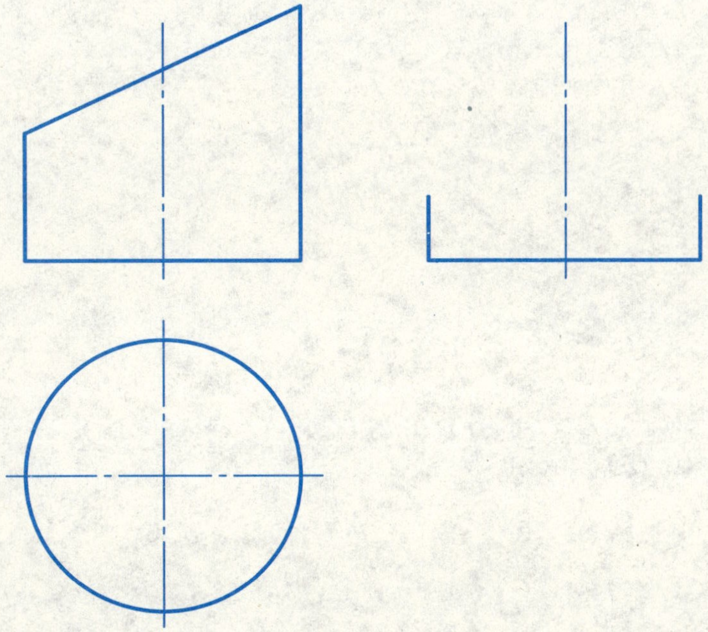

(4)

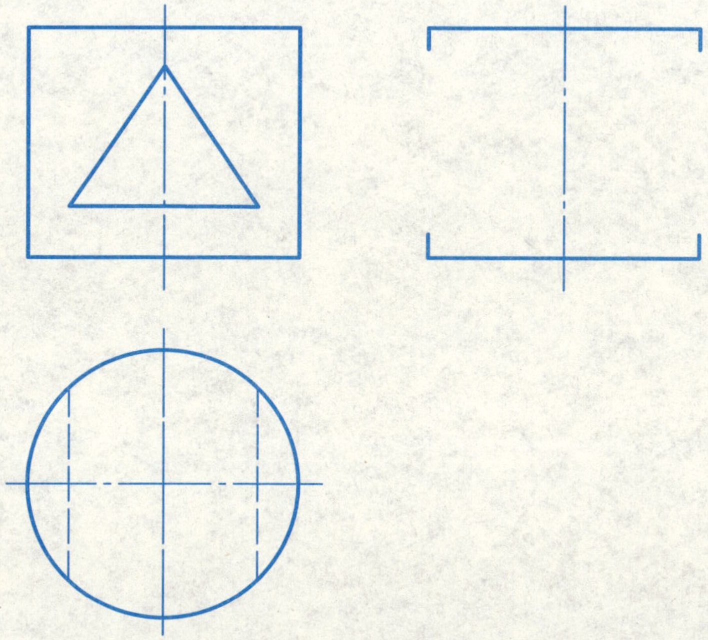

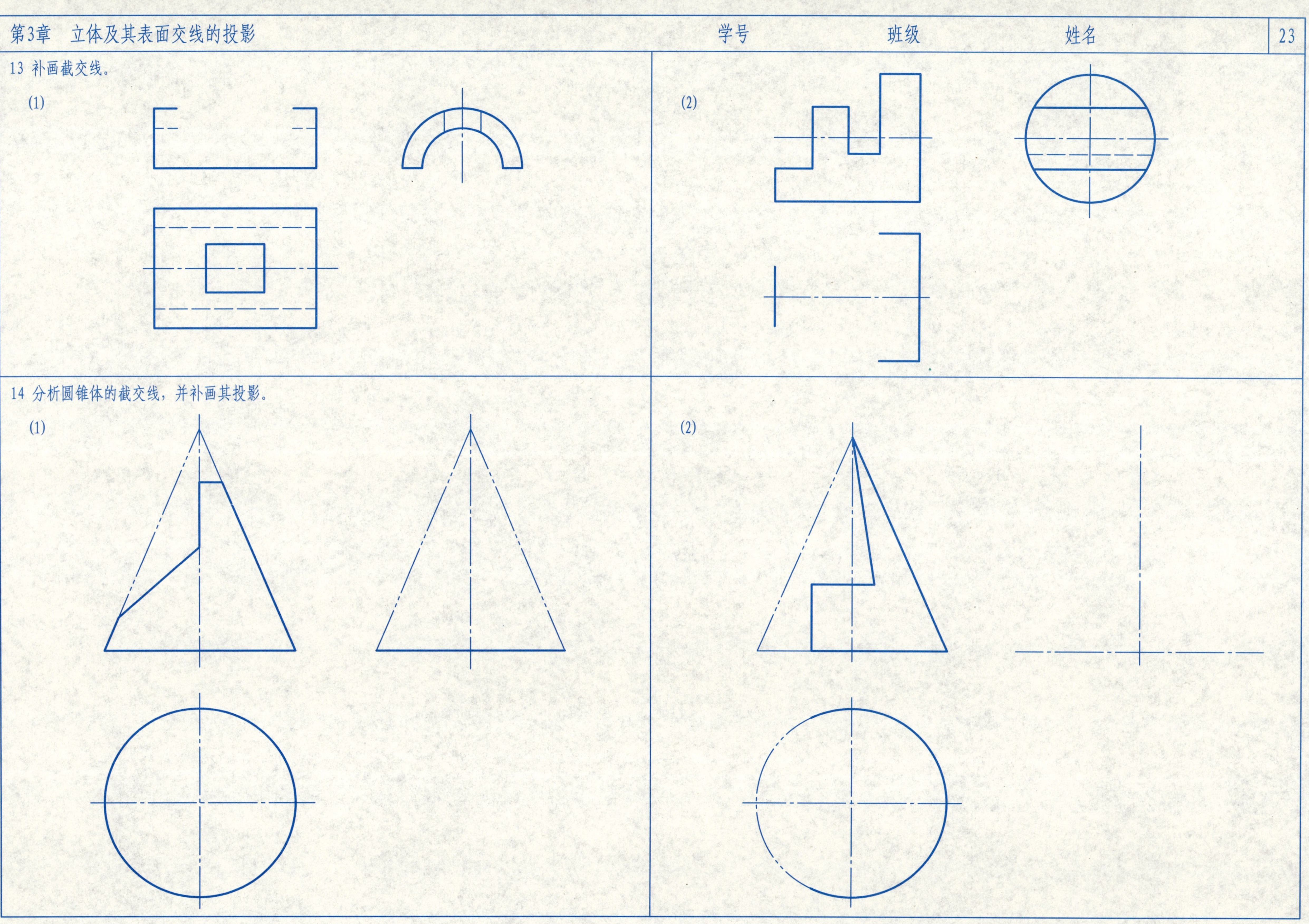
13 补画截交线。
(1)
(2)
14 分析圆锥体的截交线，并补画其投影。
(1)
(2)

15 分析立体被截切后的截交线，并补画其投影。

(1)

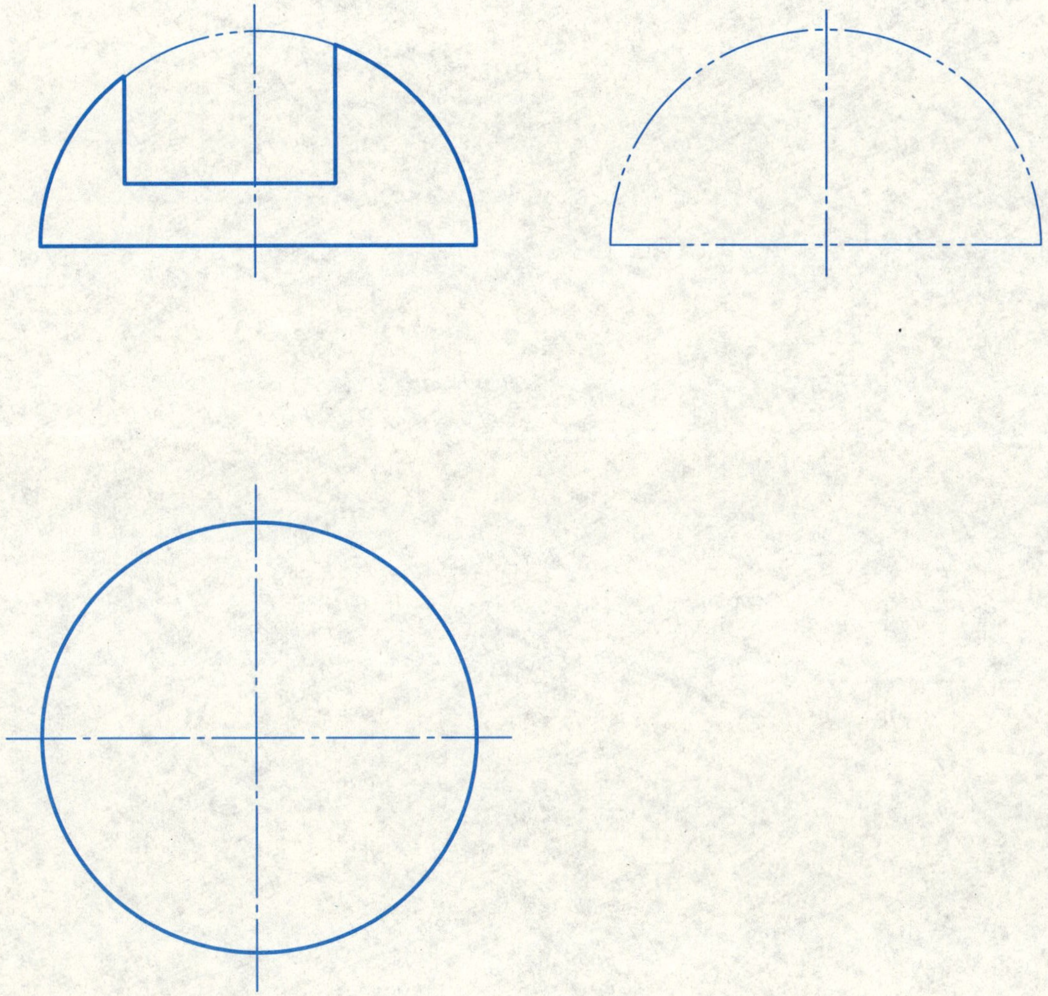

(2)

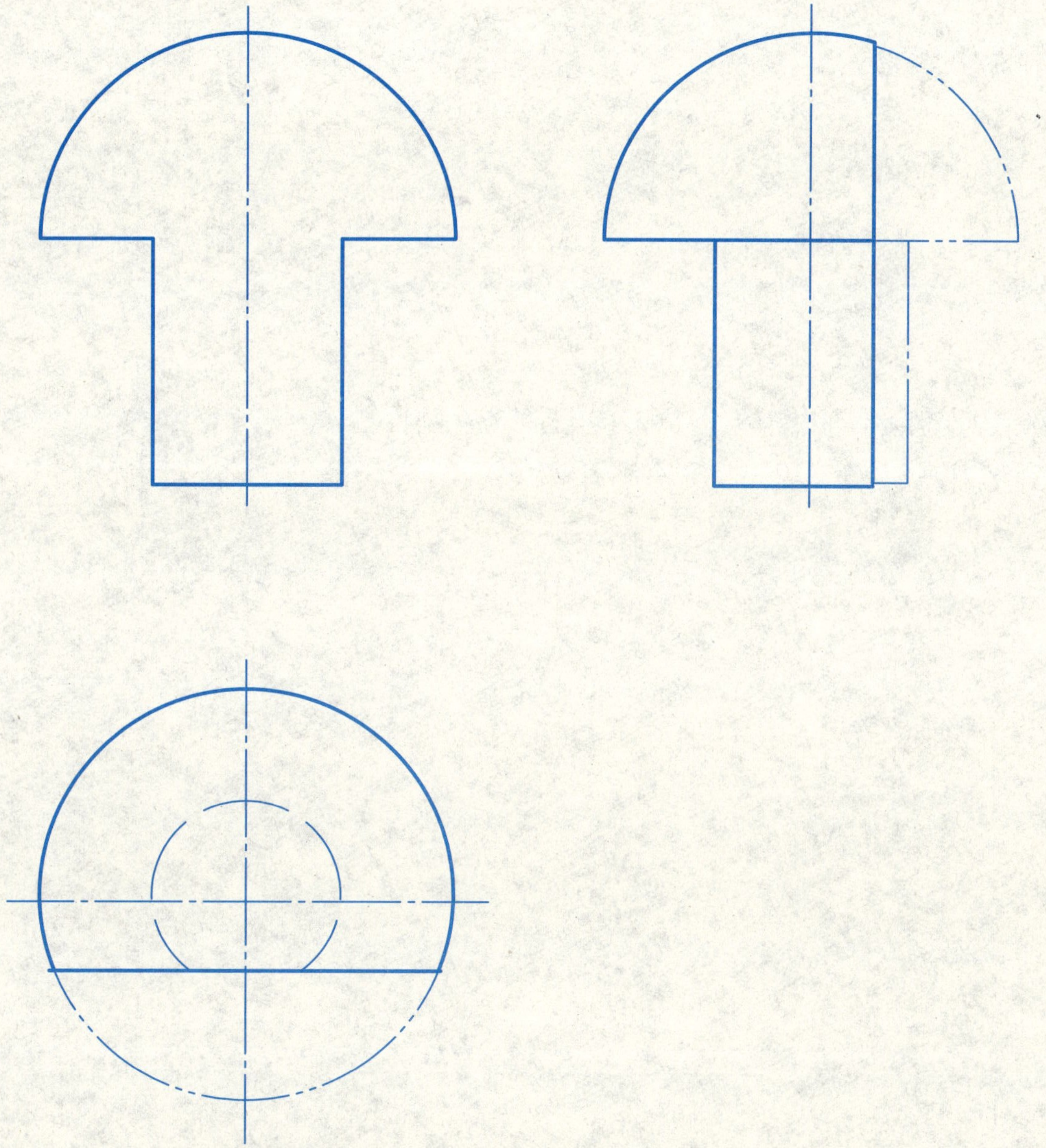

16 补画相贯线。

(1)

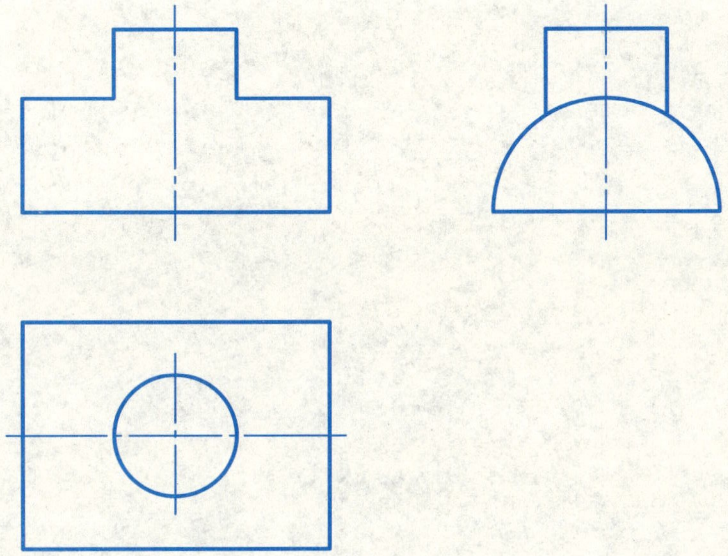

(2)

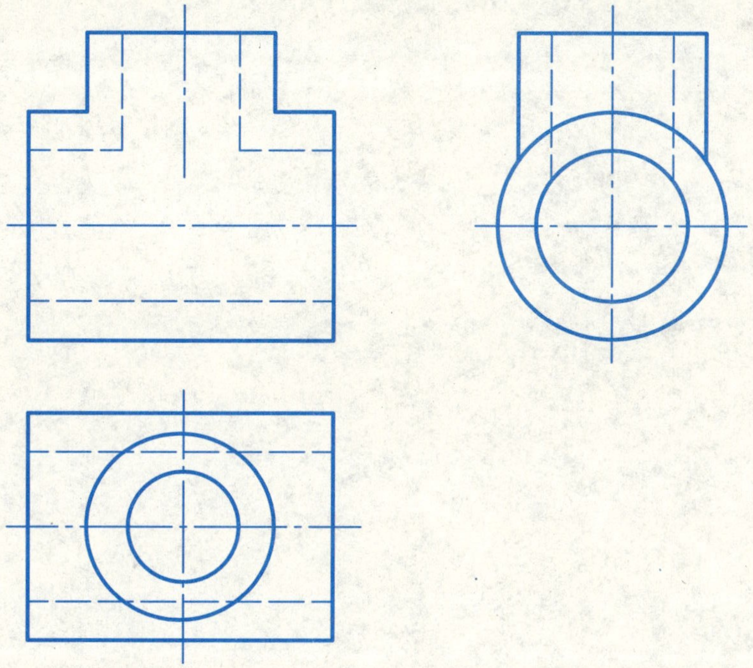

(3)

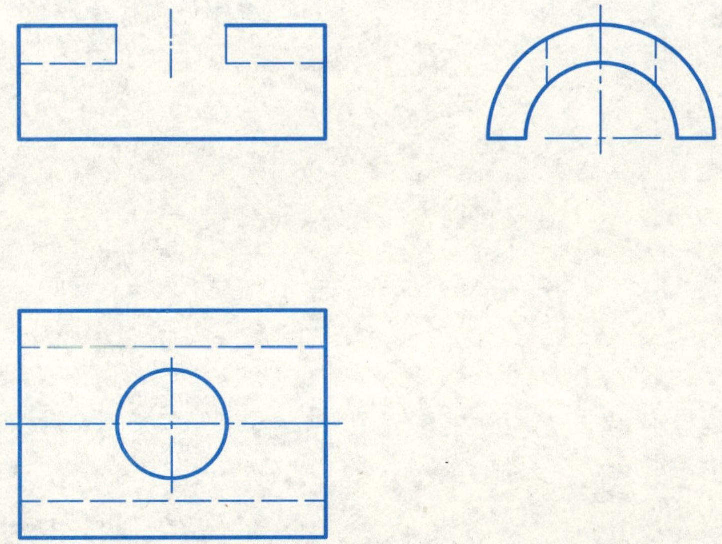

(4)

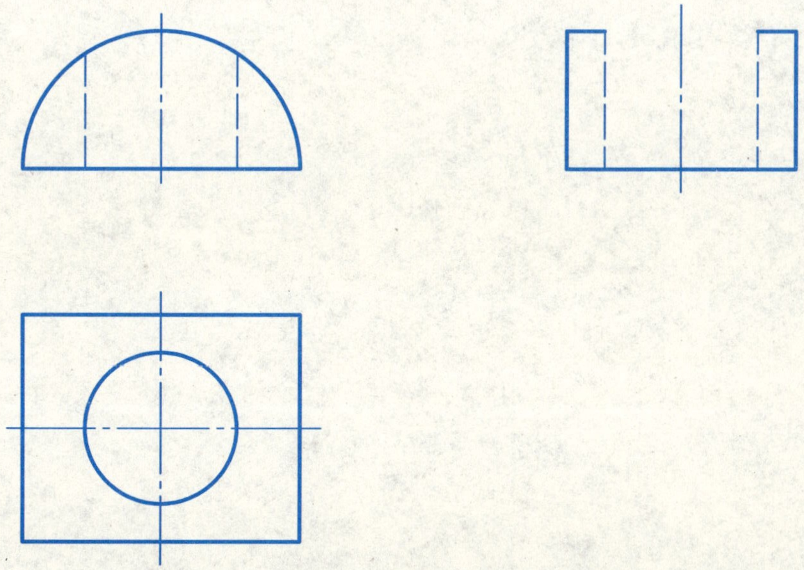

(5)

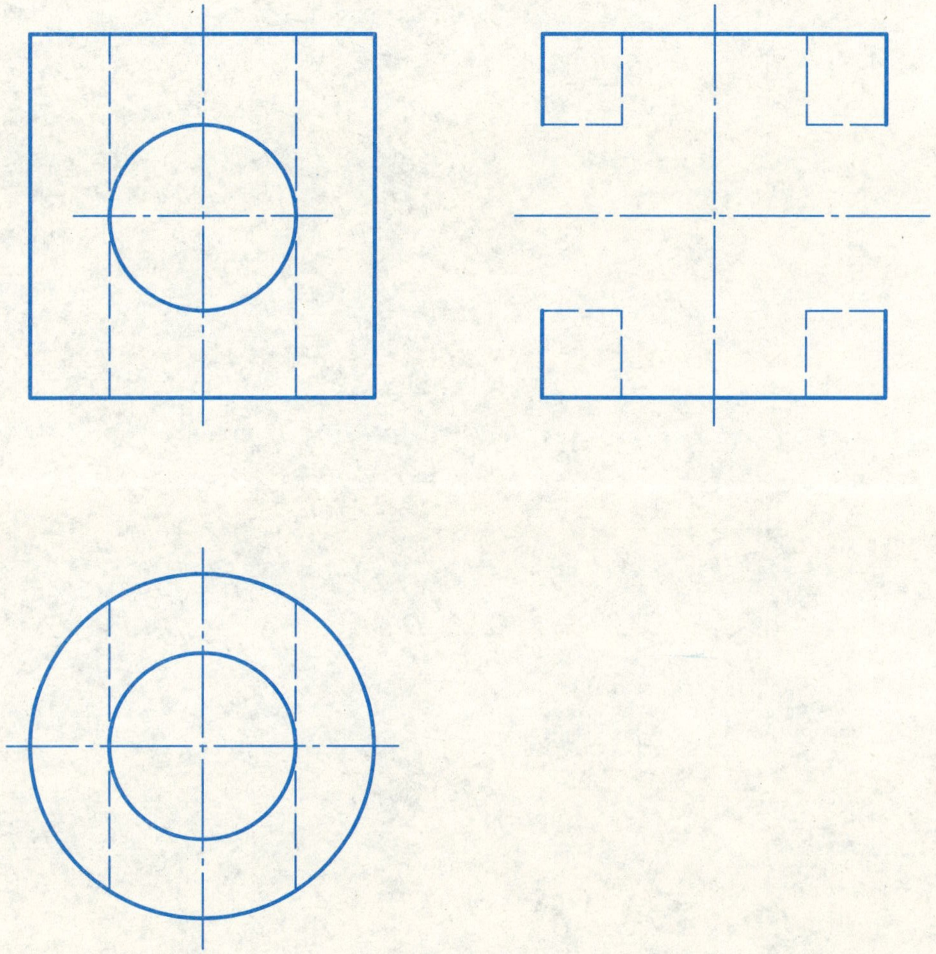

(6)

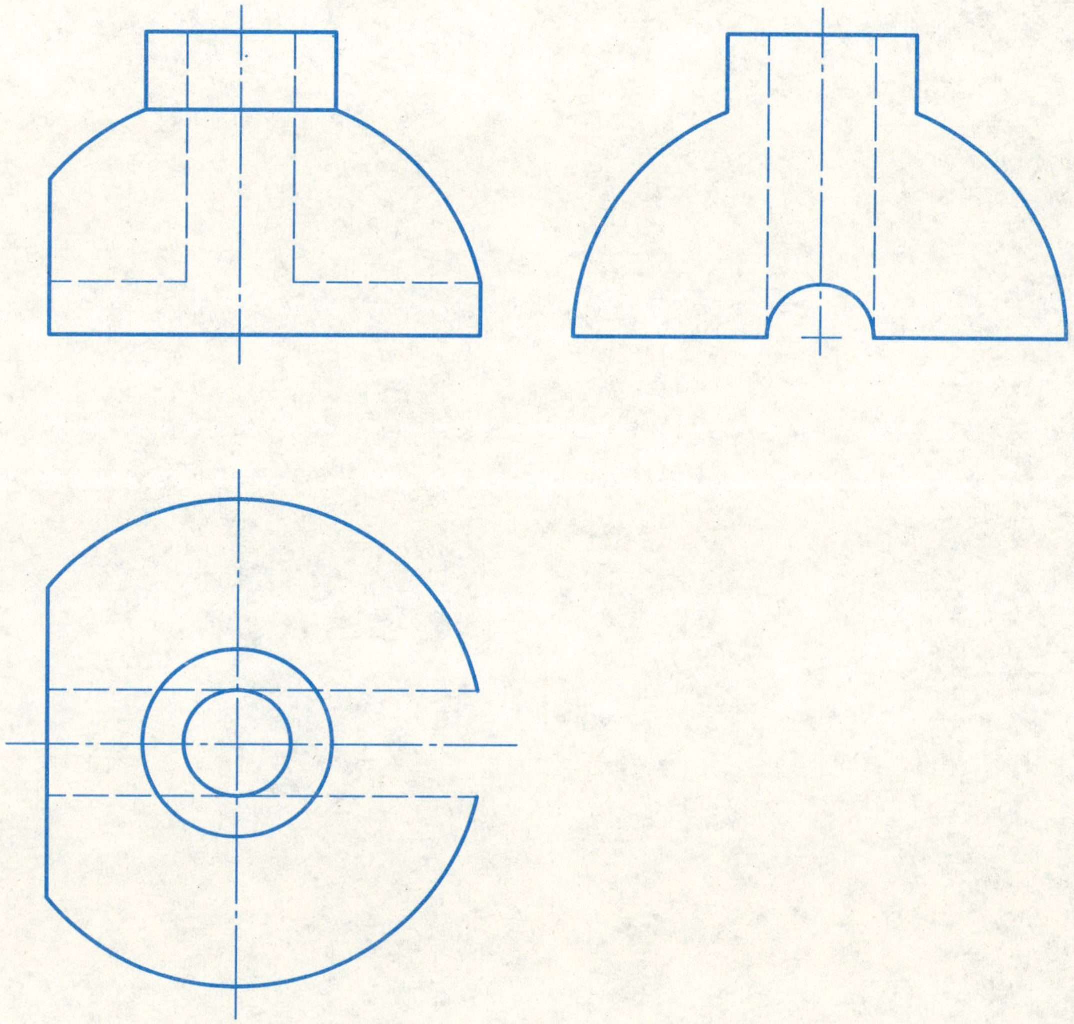

1 由立体图画组合体三视图的徒手草图，槽和孔是通槽和通孔。

(1)　(2) 　(3) 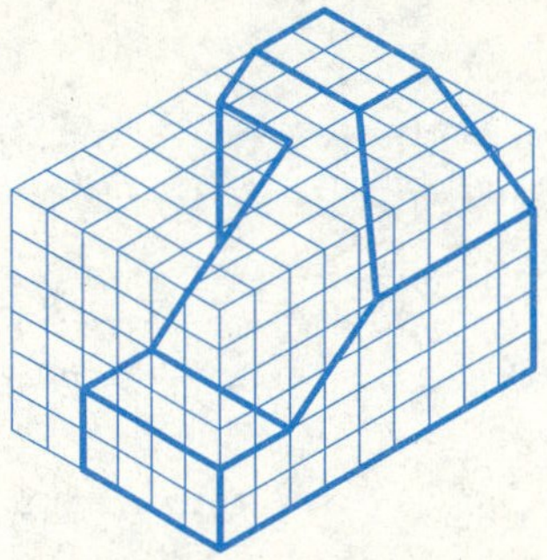　(4) 　(5) 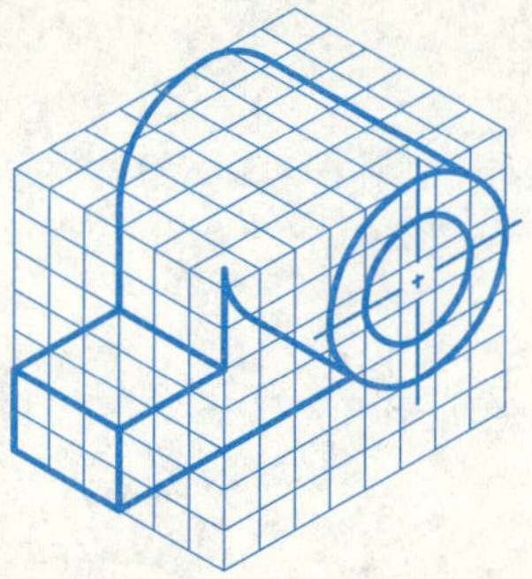　(6)

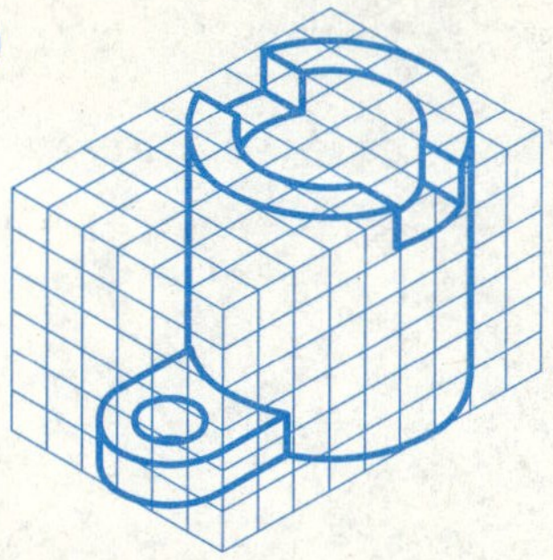

(1)　(2)　(3)

(4)　(5)　(6)

2 根据轴测图，补画三视图中缺漏的线(槽为通槽，孔为通孔)。

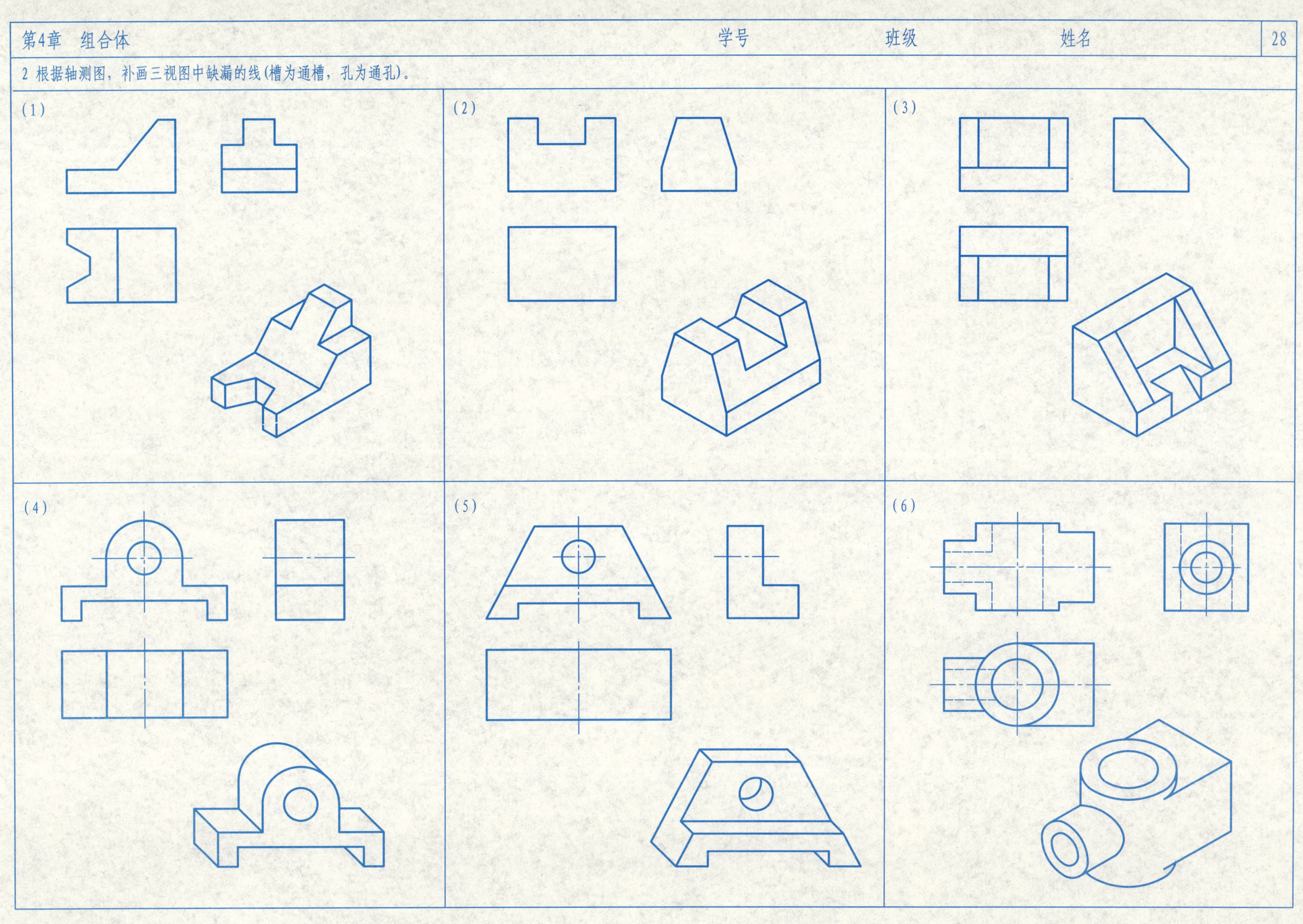

3 补画下列视图中缺漏的线(槽为通槽，孔为通孔)。

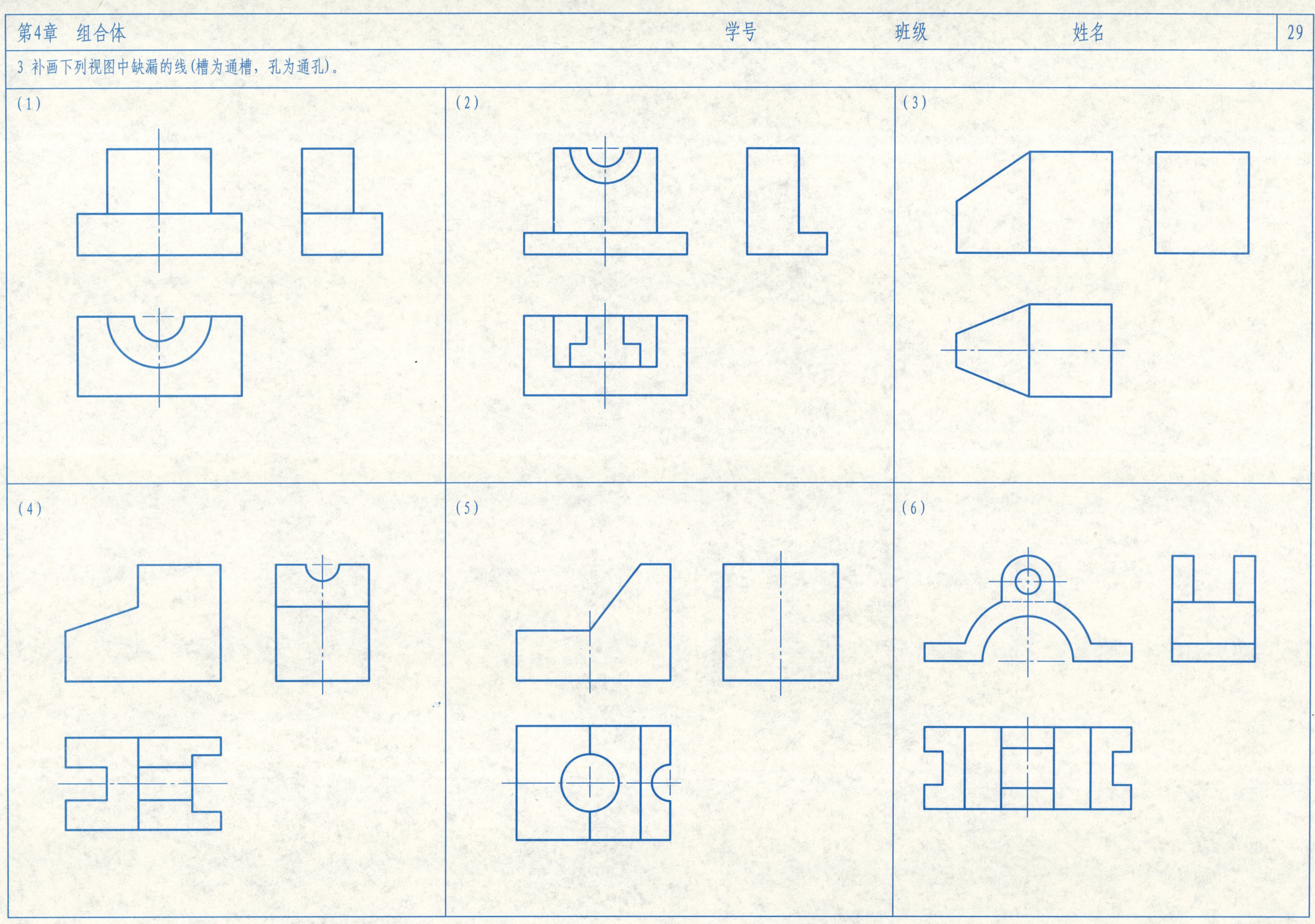

4 根据轴测图上所给的尺寸，用1：2的比例，画出组合体的三视图。

(1)

(2)

(3)

(4)

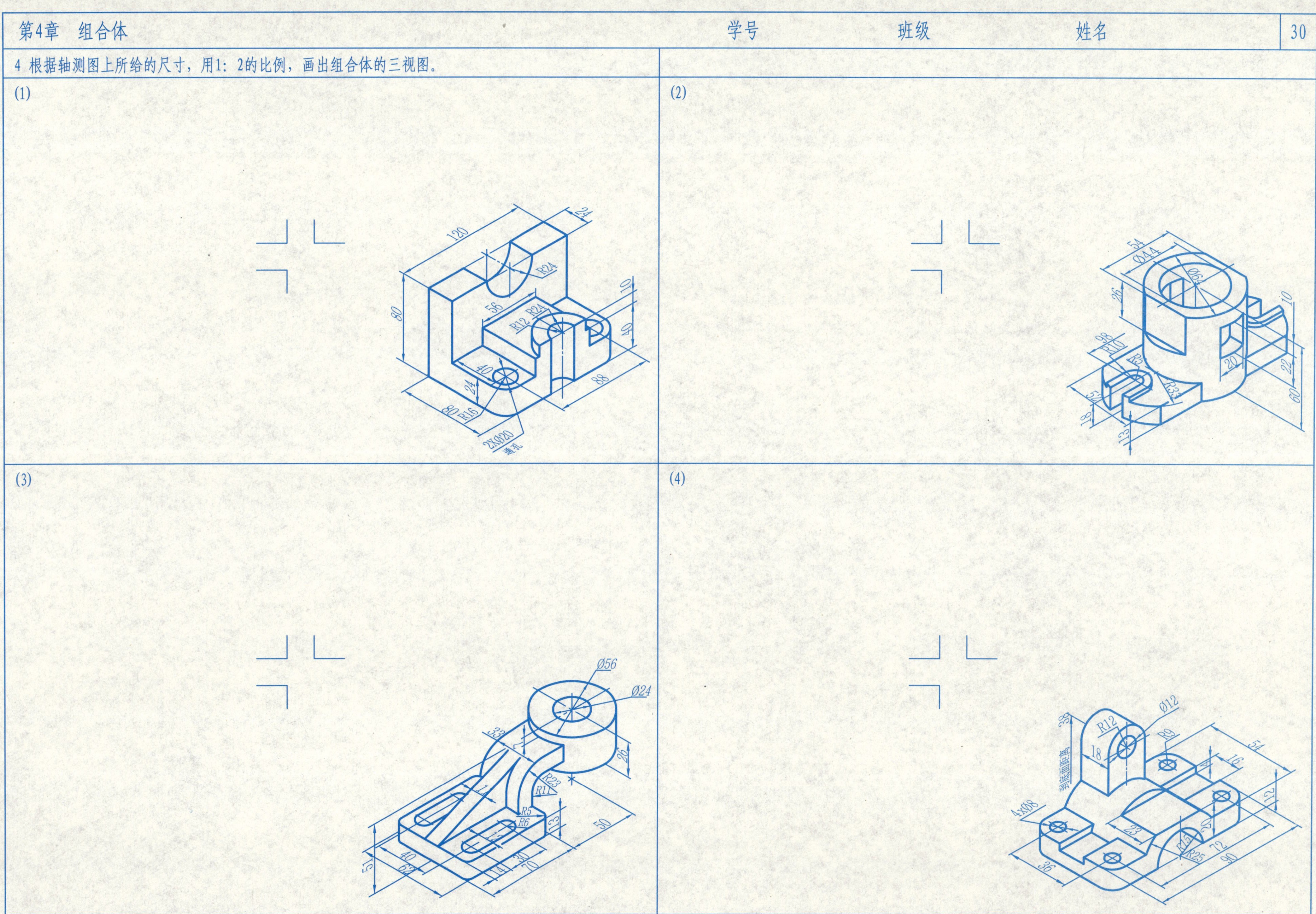

5 根据给出的一个视图，设计不同的立体，并画全三视图。

(1) 俯视图

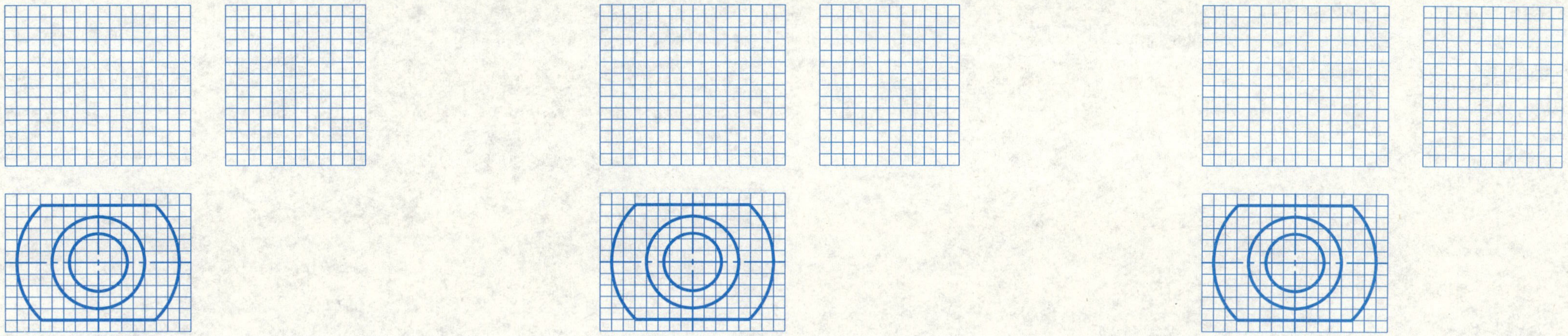

(2) 主视图

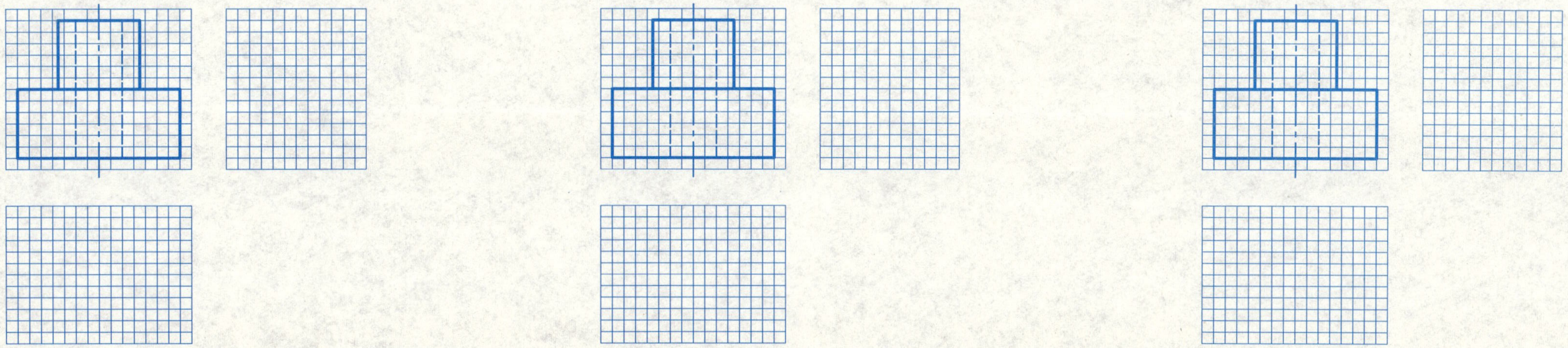

(3) 主视图

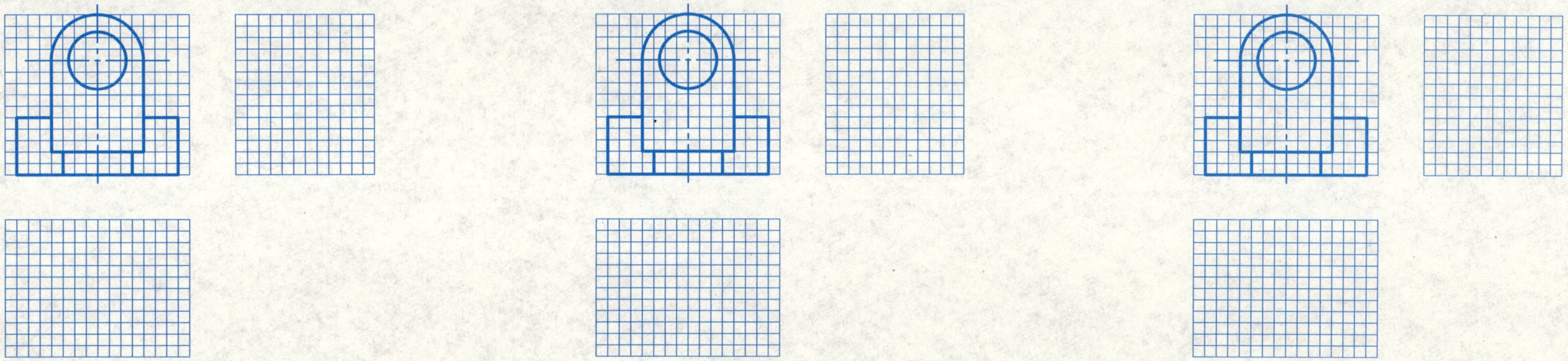

6 根据两视图，补画第三视图。

(1)

(2)

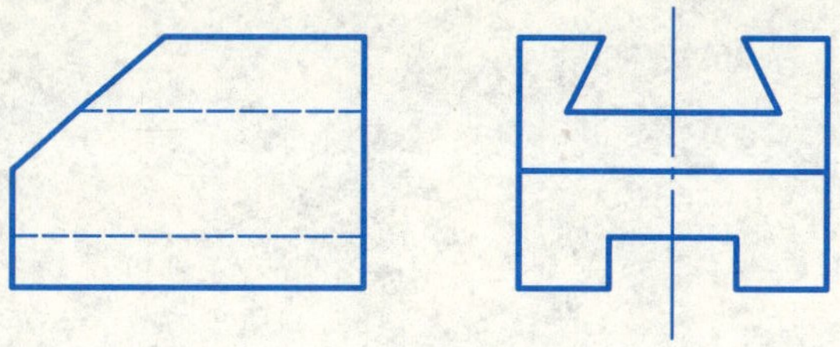

(3)

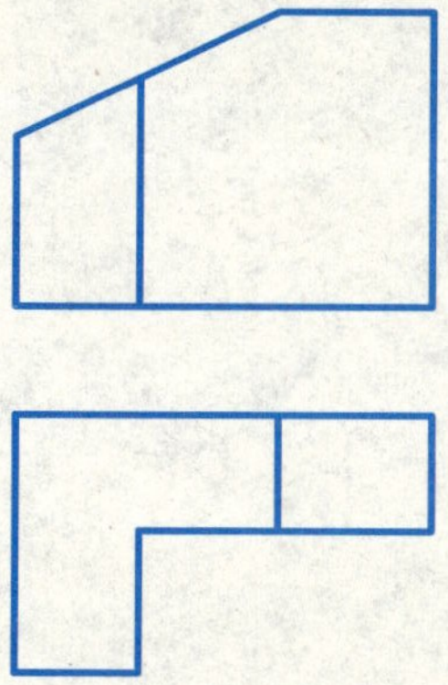

(4)

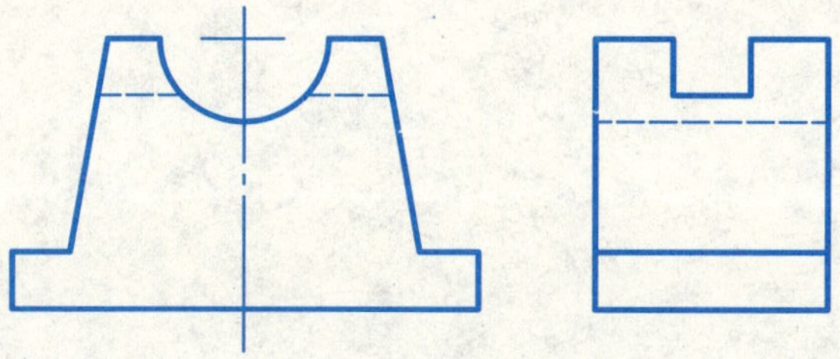

(5)

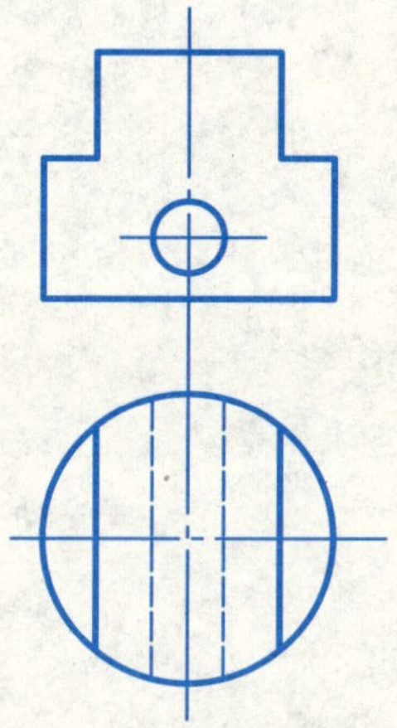

(6)

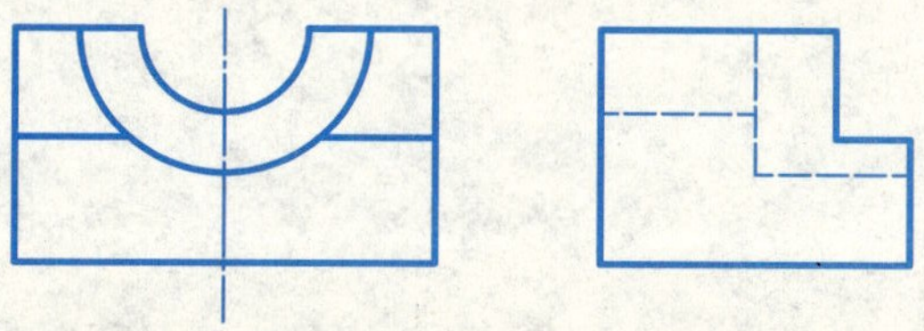

(7)

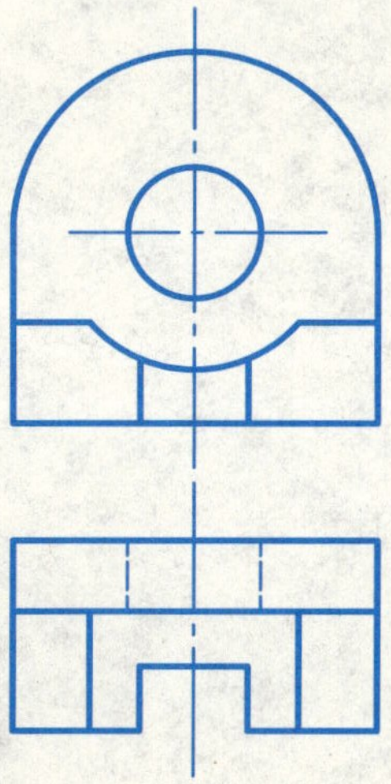

(8)

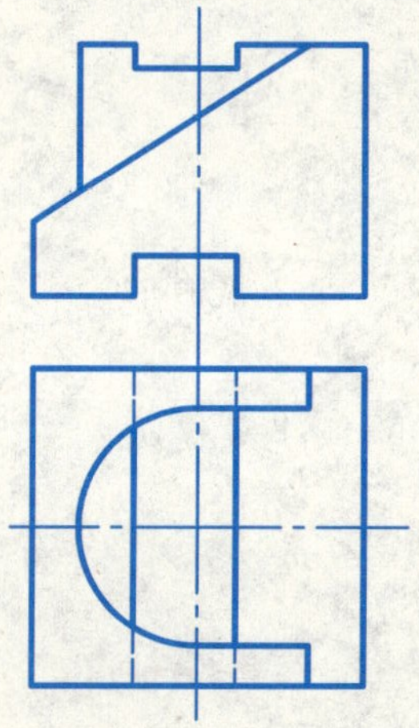

(9)

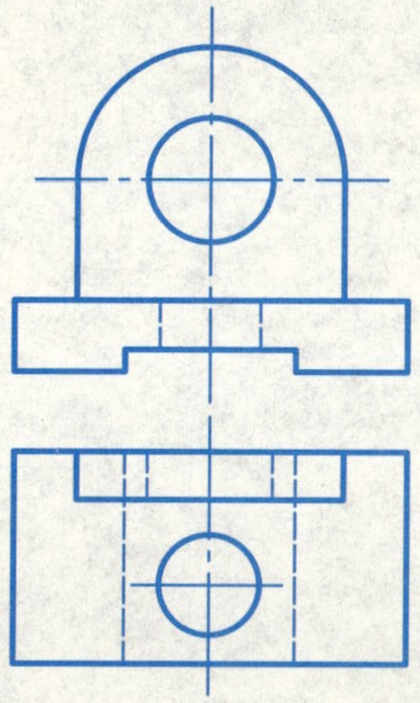

7 根据两视图，补画第三视图。

(1)

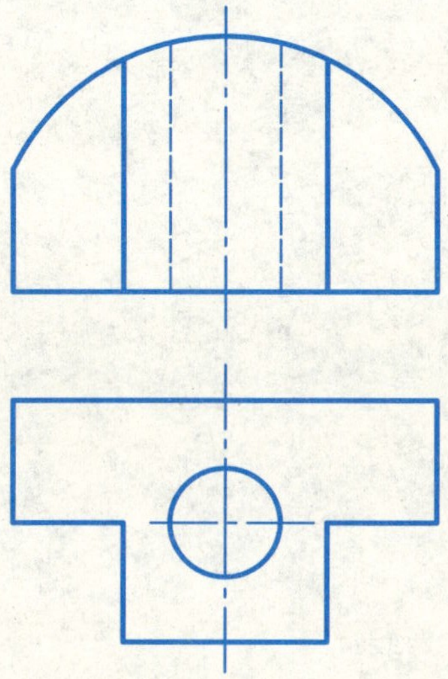

(2)

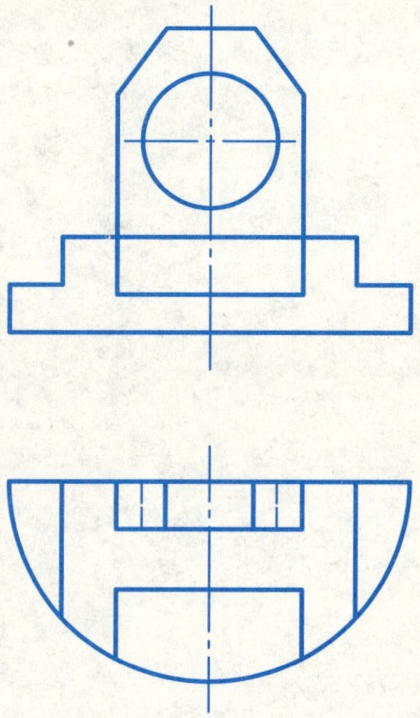

(3)

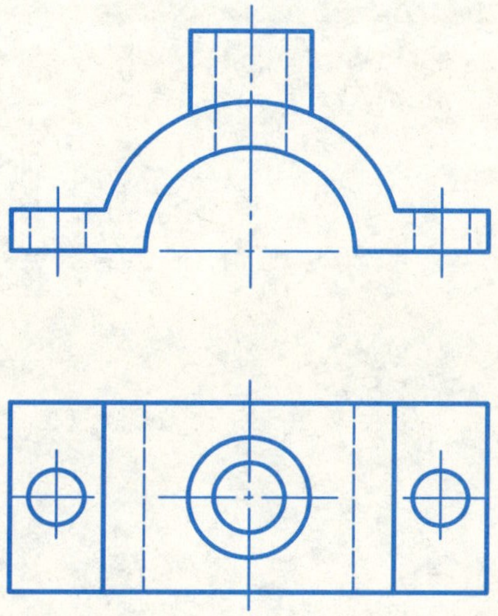

(4)

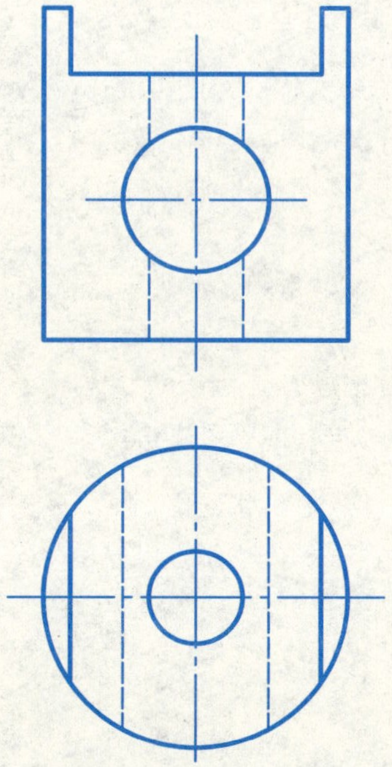

(5)

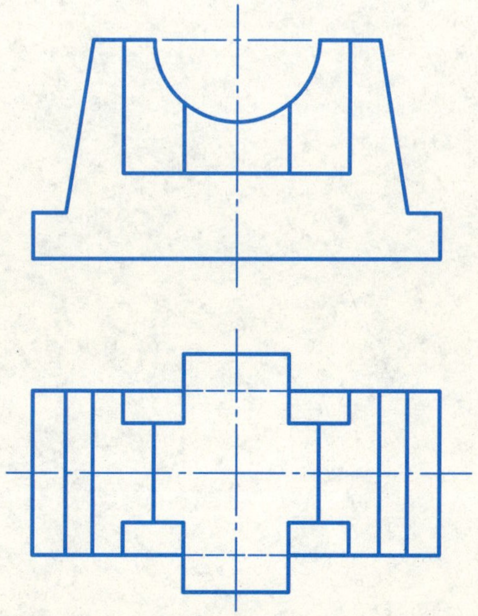

(6)

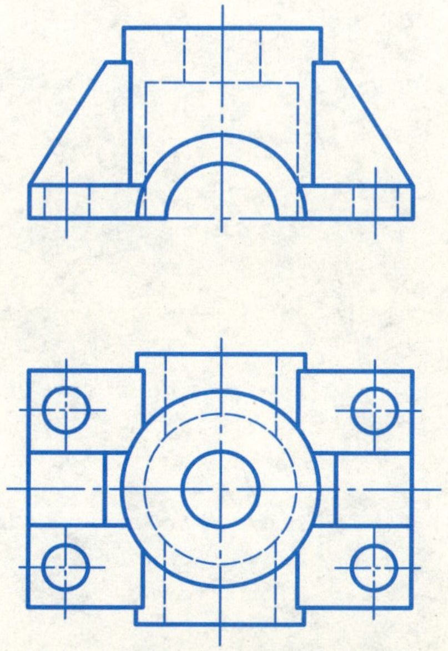

8 根据所给视图，按1:1标注尺寸，尺寸数值从图中测量并取整。

(1)

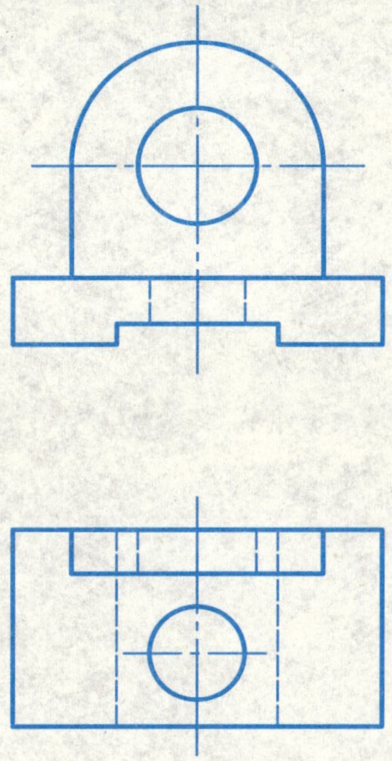

(2)

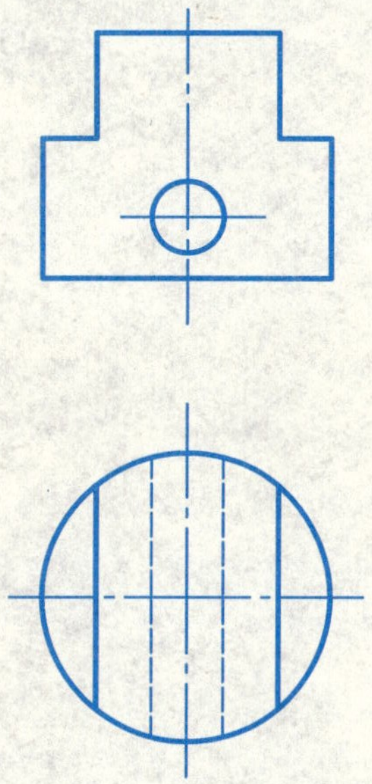

(4)

(3)

第一次大作业制图组合体三视图

一、目的与要求

1.目的：进一步理解与巩固"物"与"图"之间的对应关系，运用形体分析法，根据轴测图（或模型）绘制组合体的三视图，或者根据已知的两个视图画出第三个视图，并标注尺寸，本作业共两个分题，同学们可任选其一。

2.要求：完整表达组合体的内外部结构形状，尺寸标注要正确、完整和清晰，并符合国家规定的标准。

二、图名、图幅和比例

1.图名：组合体三视图

2.图幅：A3图纸

3.比例：1：1

三、绘图步骤与注意事项

1.对所要绘制的组合体进行形体分析，选择主视图（第1题），确定投影方向。按轴测图所示尺寸（或模型）实际大小布置三视图的位置。（第2题根据测量的尺寸作图）（注意：视图之间要预留标注尺寸的位置），画出各视图的中心线、轴线和底面（顶面）的位置线。

2.第1题逐步画出组合体各部分的三视图；第2题逐个补画各基本形体的第三视图（注意两表面共面、不共面、相切和相交时的画法）。

3.标注尺寸应注意不要照搬轴测图上的尺寸注法，应重新考虑视图尺寸的合理性，以尺寸正确、完整和清晰为原则。

4.完成底稿，经仔细校核后用铅笔对图线进行加深。

（1）根据轴测图画三视图，并标注尺寸。

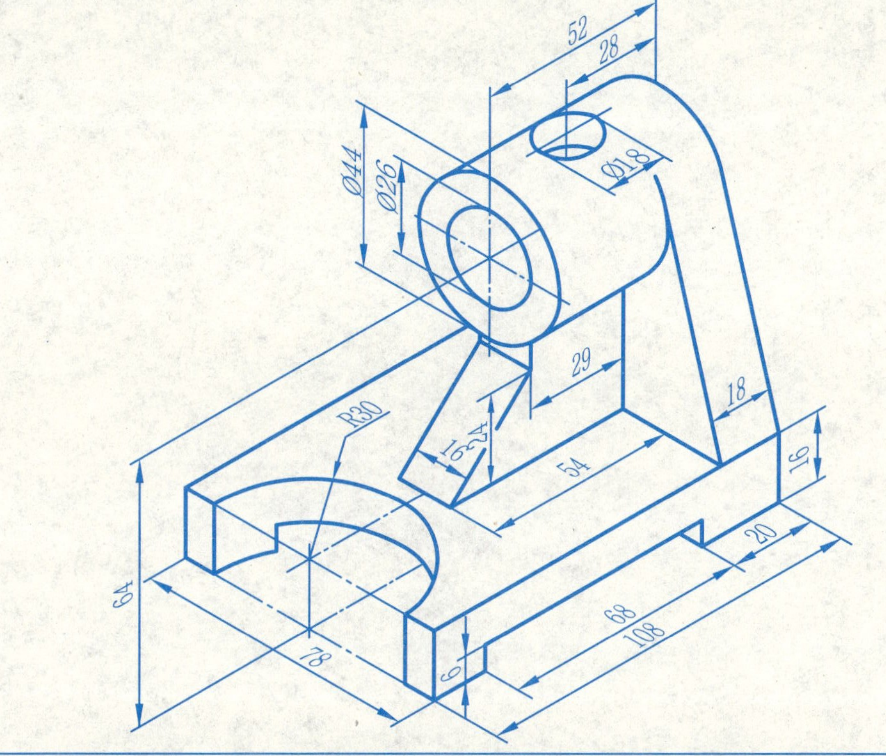

(b)

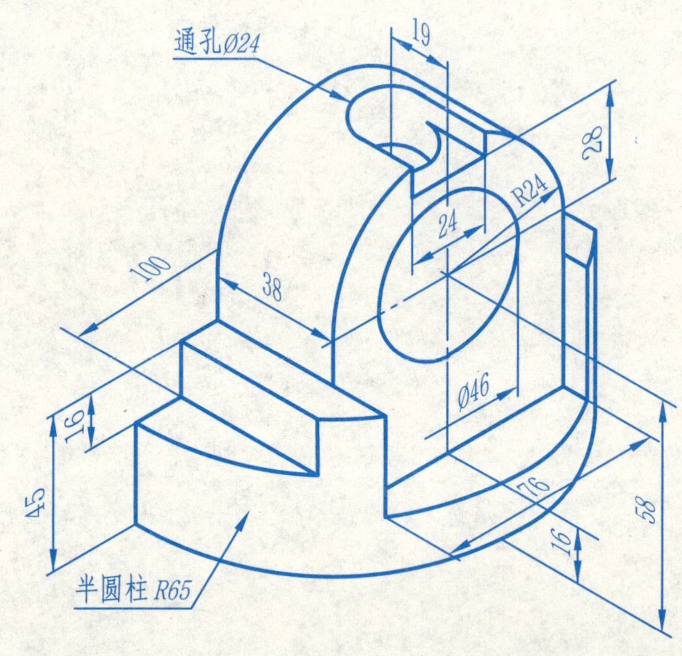

(2) 根据组合体的两个视图，补画第三视图，并标注尺寸。

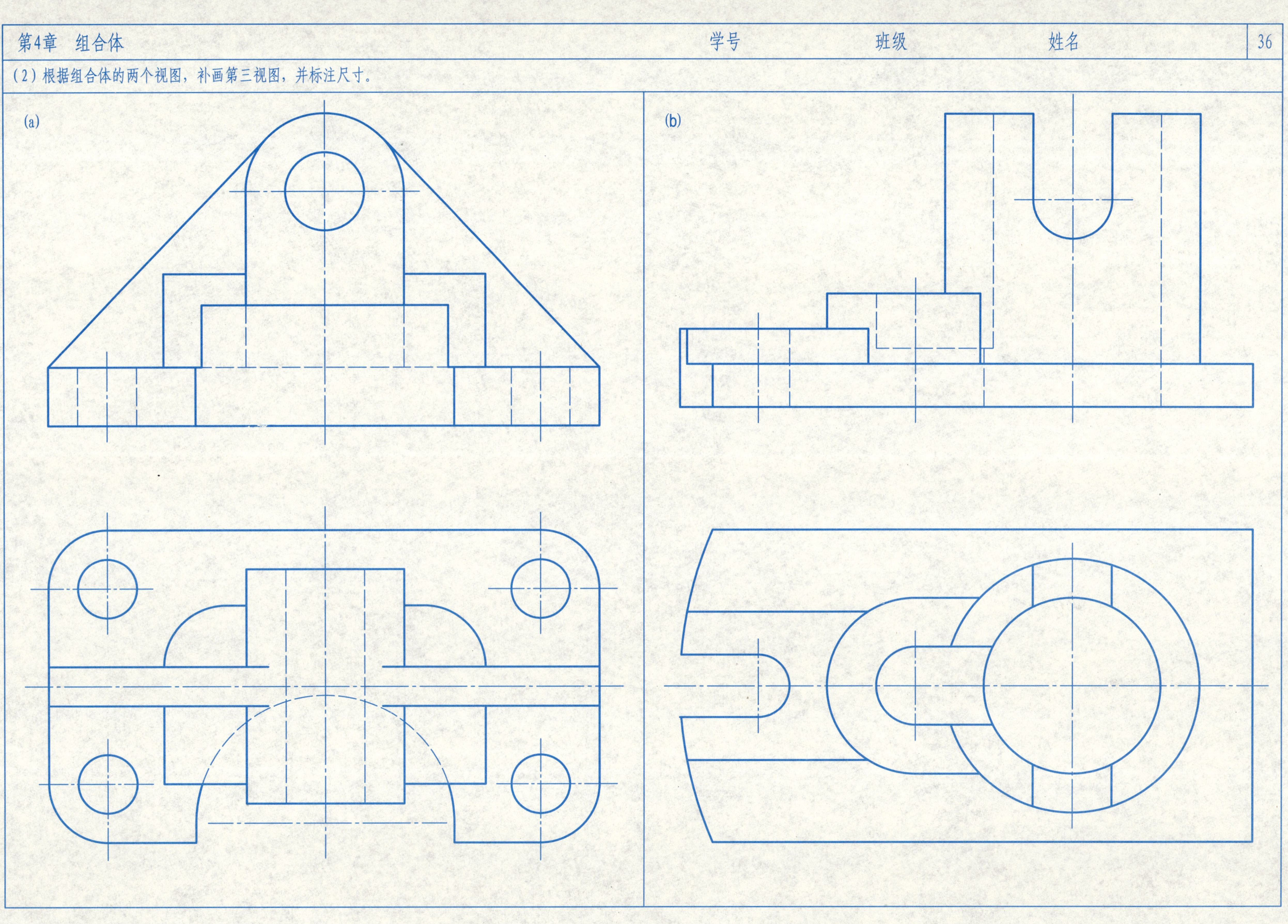

1 根据已知视图，徒手画出形体的正等轴测图。

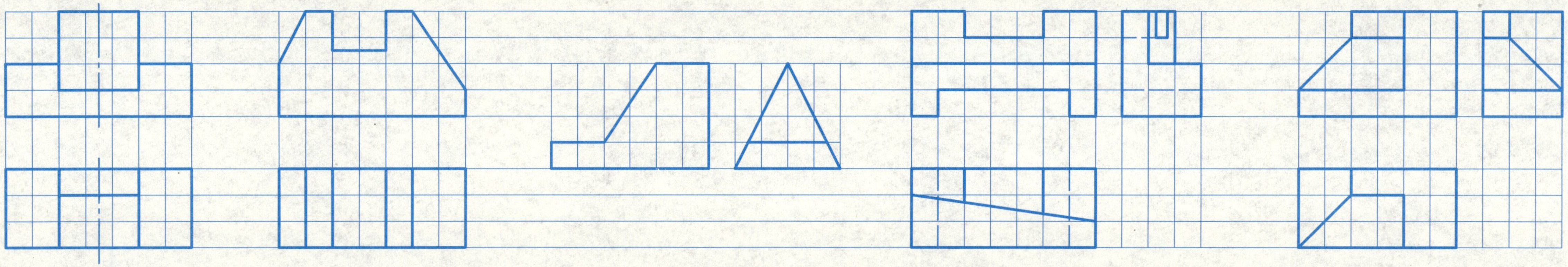

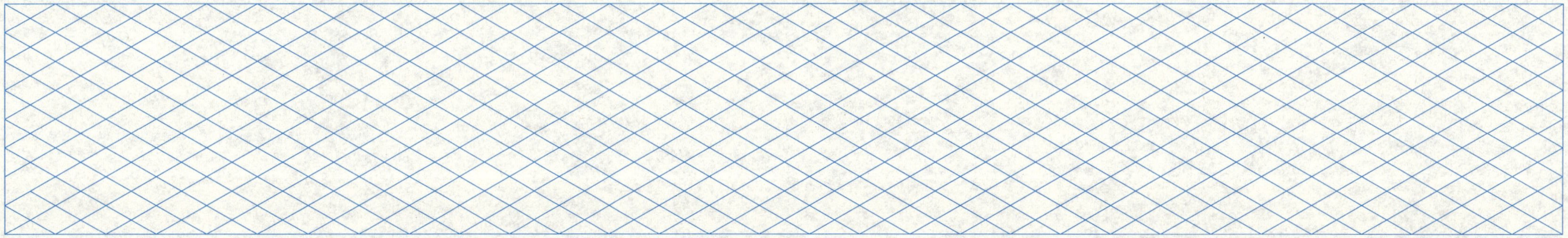

R10

2 选择合适的轴测种类，按照尺寸画出下列形体的轴测图。

(1)

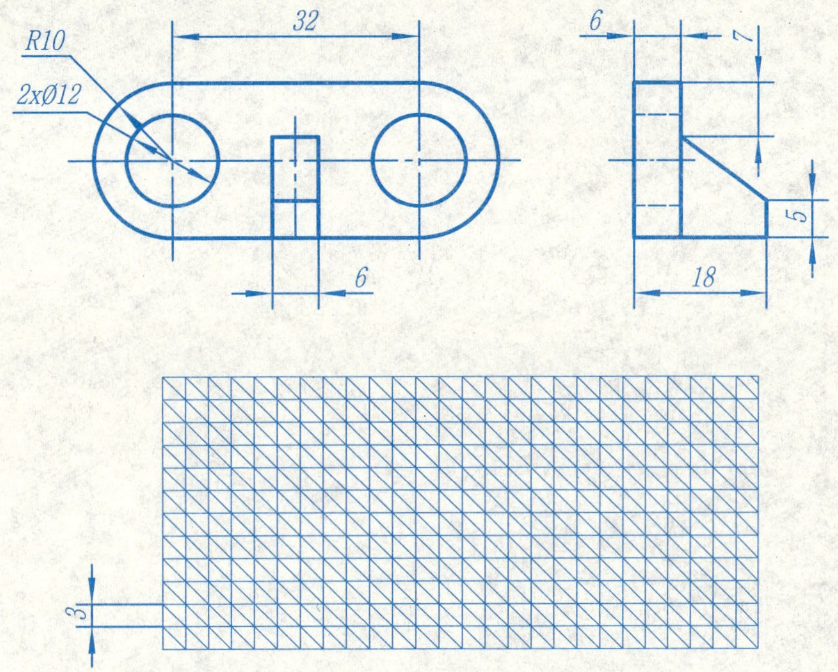

(2)

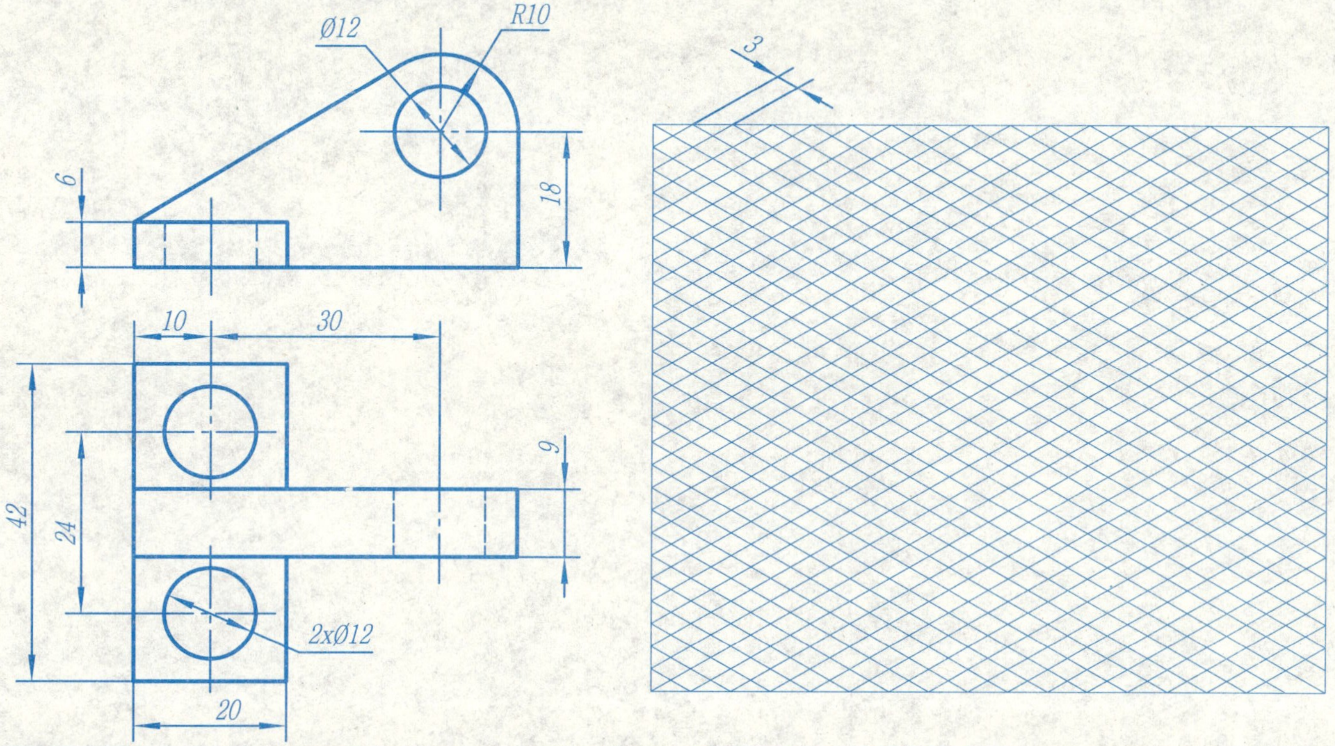

(3)

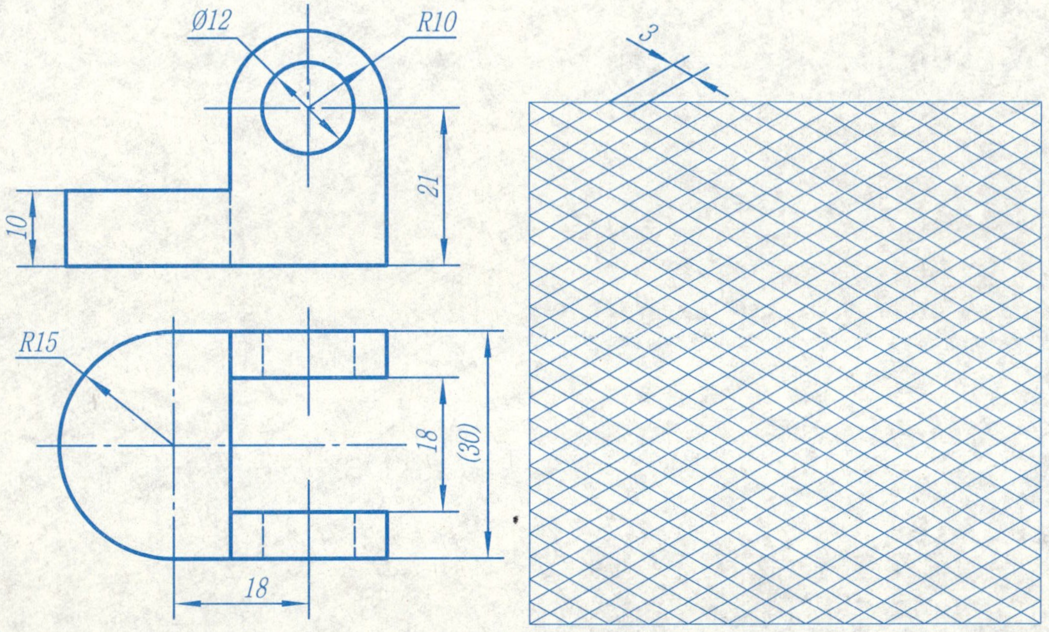

(4)

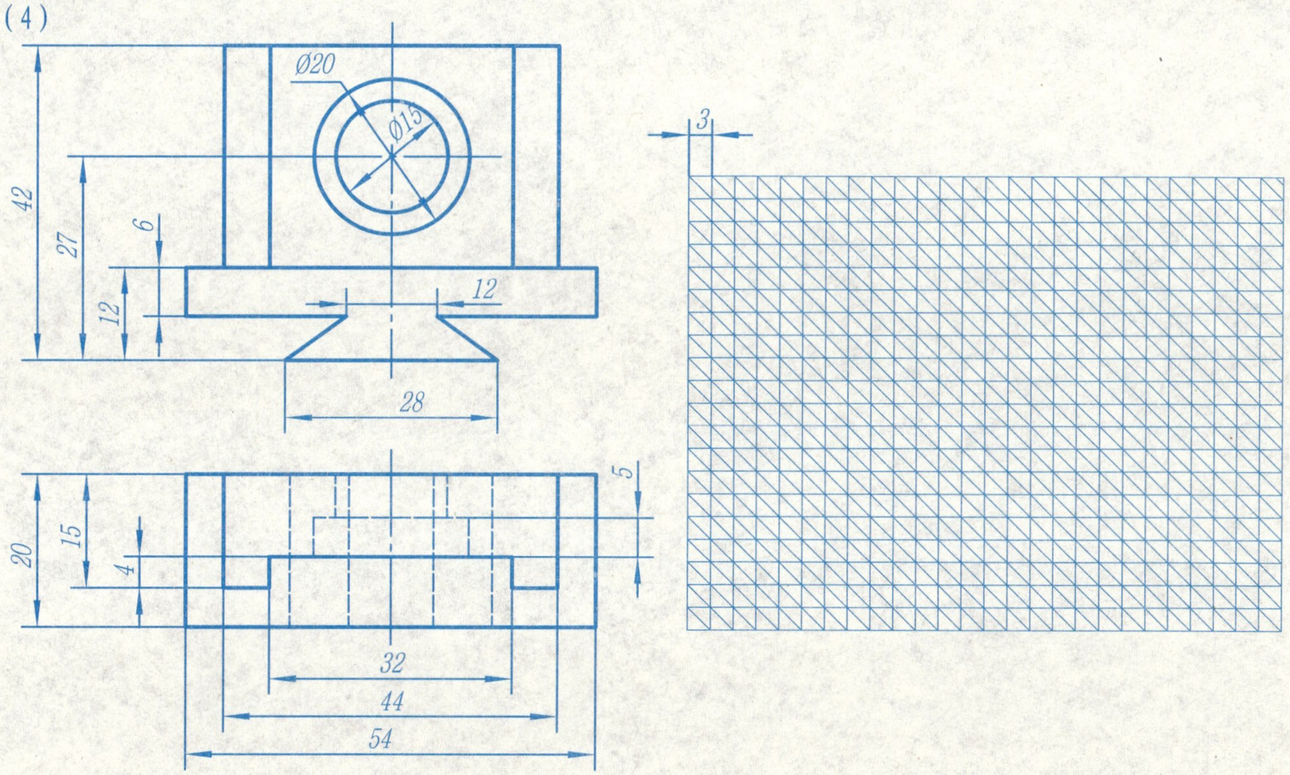

3 已知物体的两个视图，徒手画出其正等轴测图。

(1)

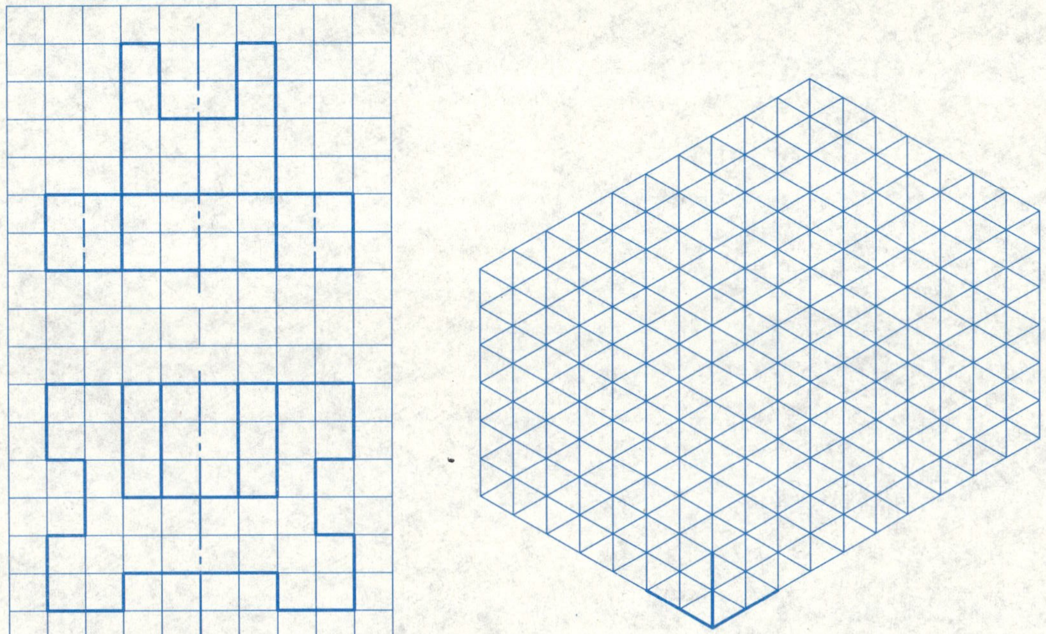

(2)

(3)

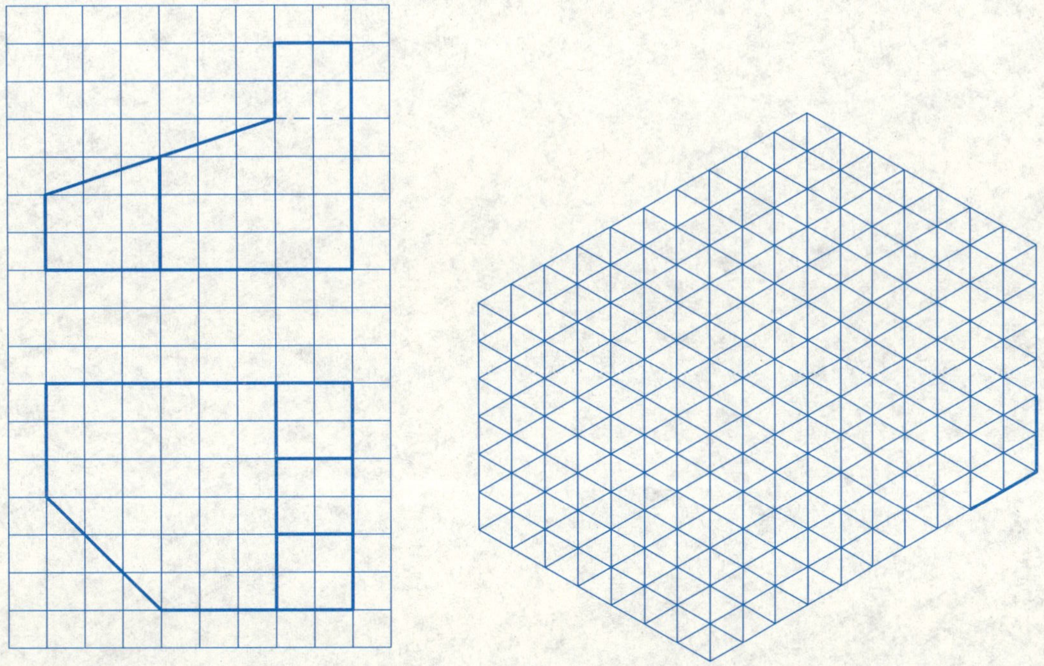

(4)

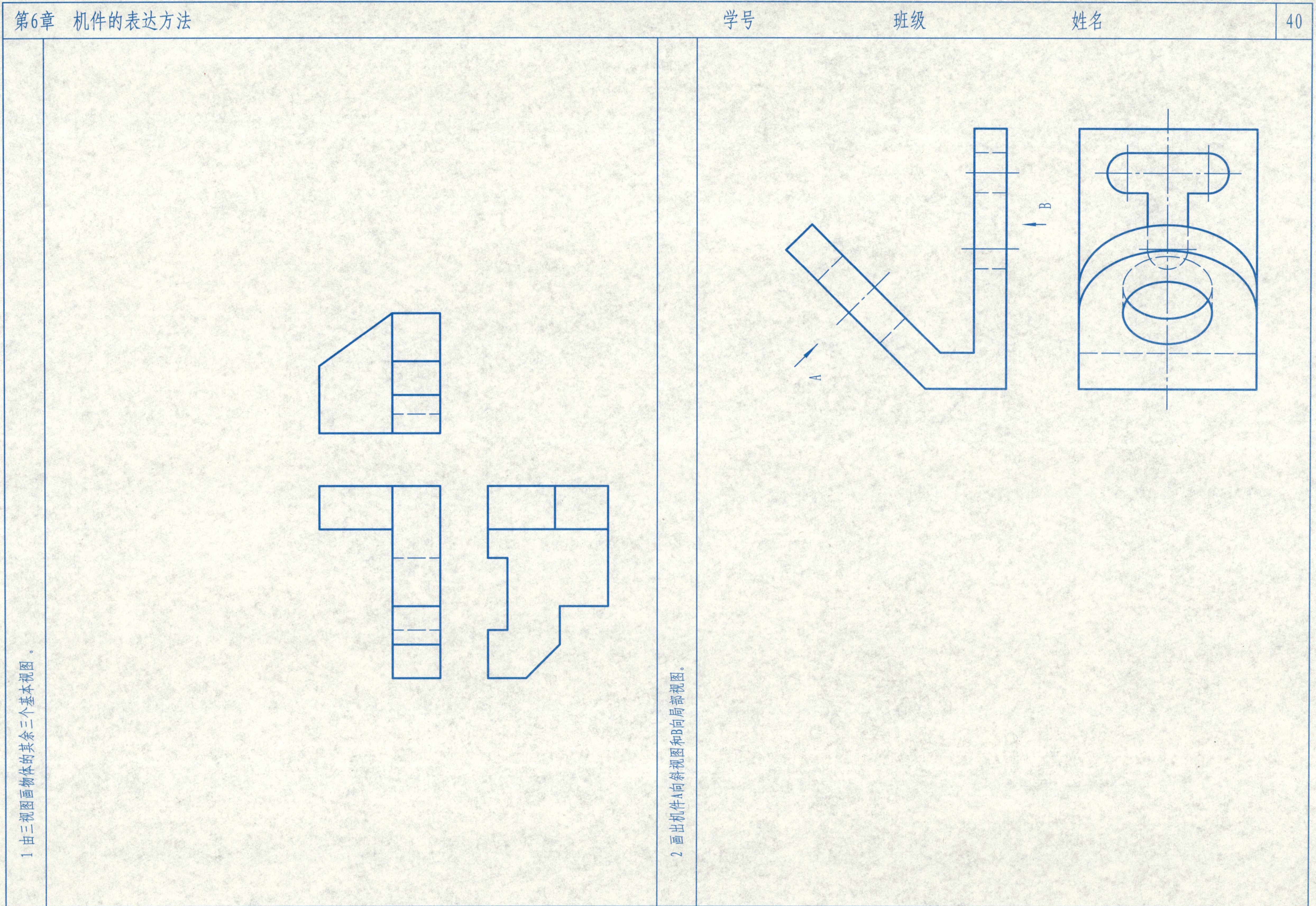
1 由三视图画物体的其余三个基本视图。
2 画出机件A向斜视图和B向局部视图。
A
B

3 改正下列全剖视图的错误(补画所确图线，多余图线打 x)。

(1)

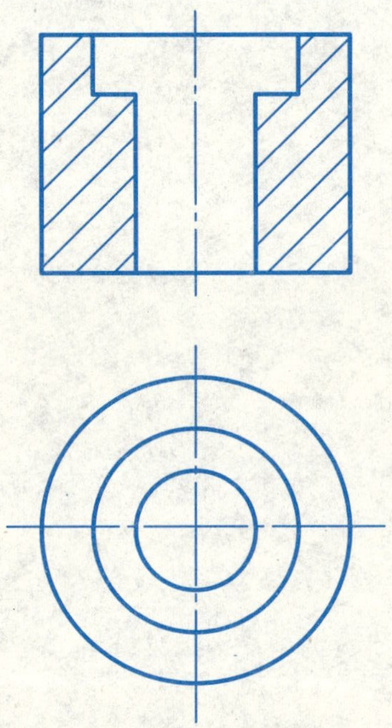

(2)

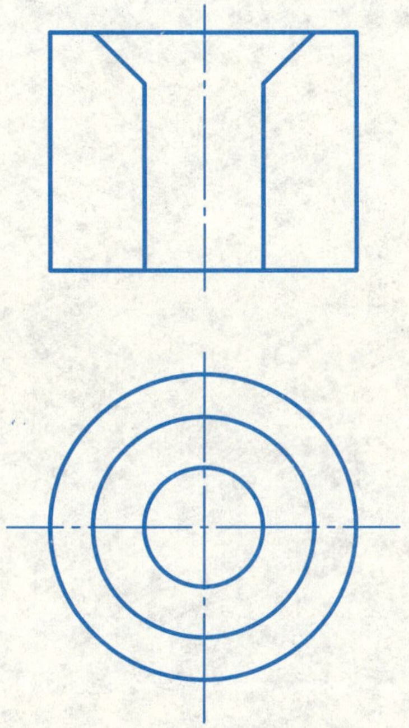

(3)

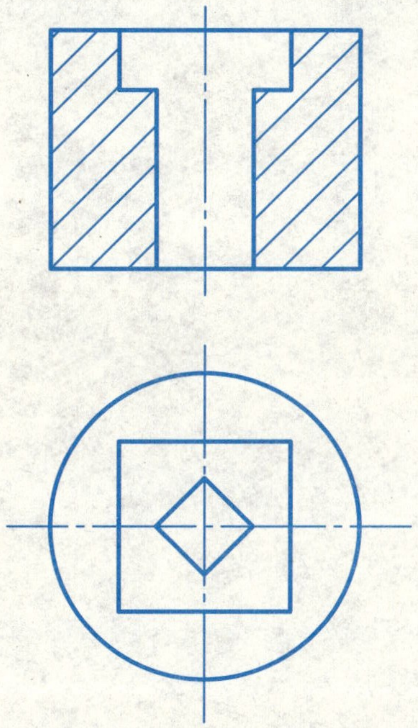

(4)

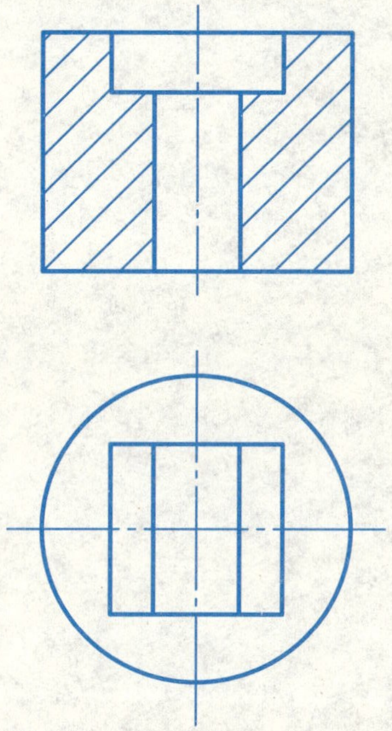

(5)

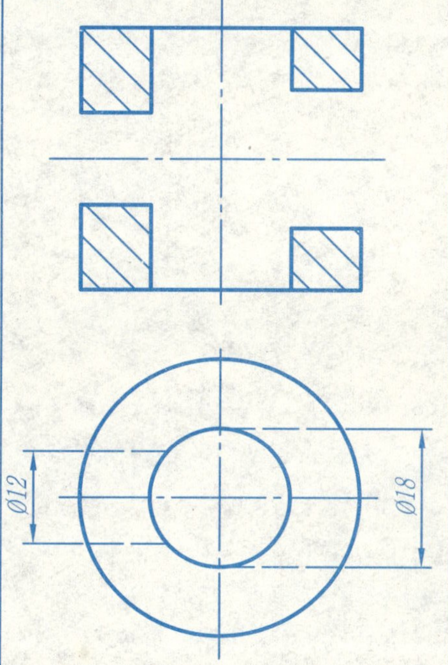

Ø12

Ø18

(6)

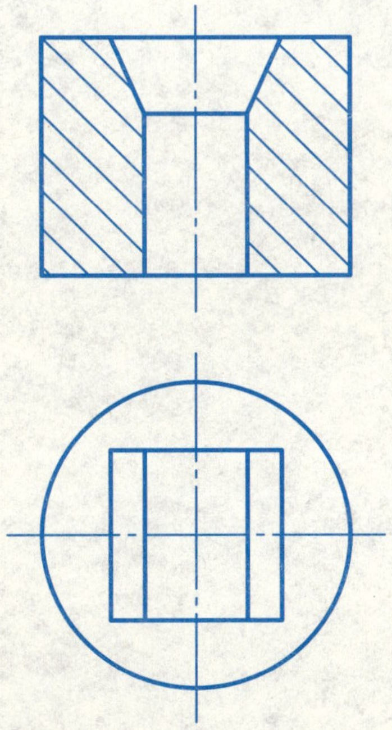

(7)

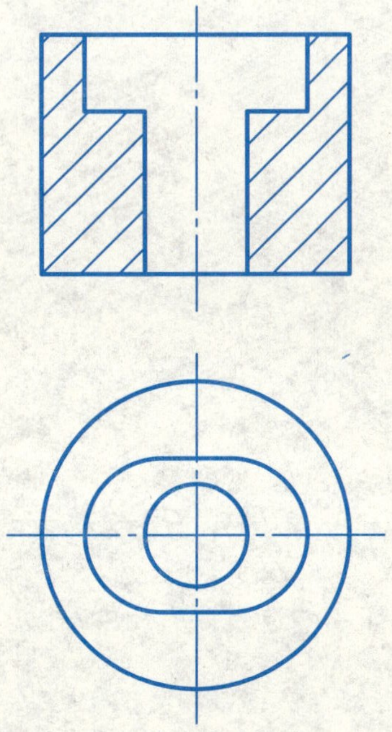

(8)

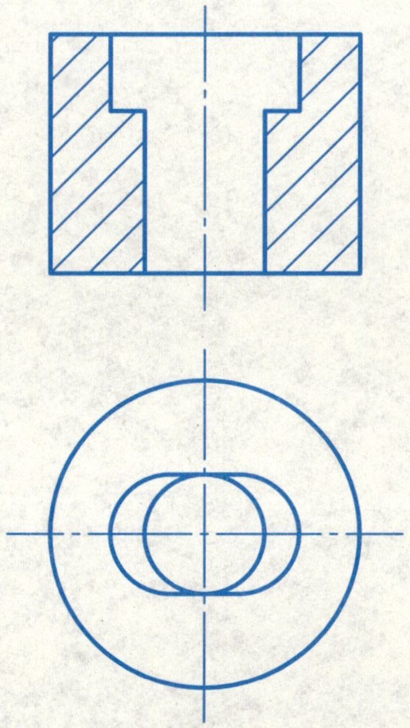

(9)

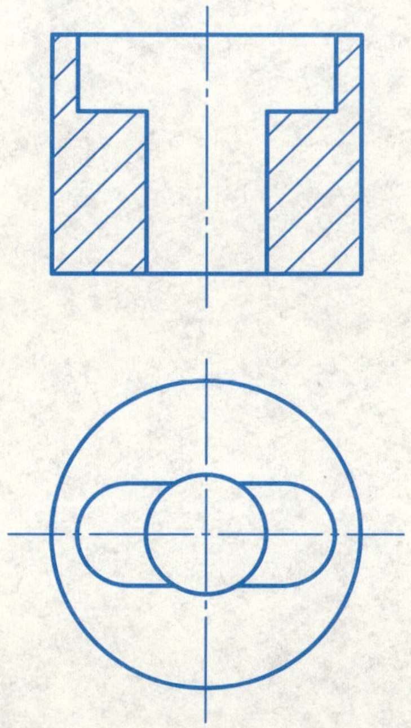

(10)

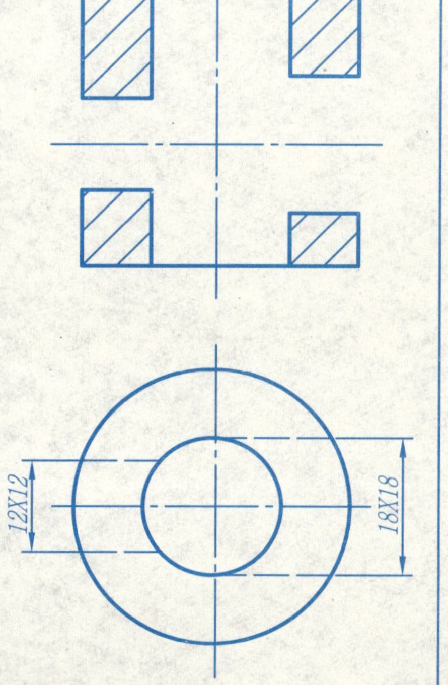

12X12

18X18

5 将主视图改画为全剖视图。

6 将主视图画为全剖视图。

4 将主视图改画为全剖视图。

7 将主视图画为半剖视图。

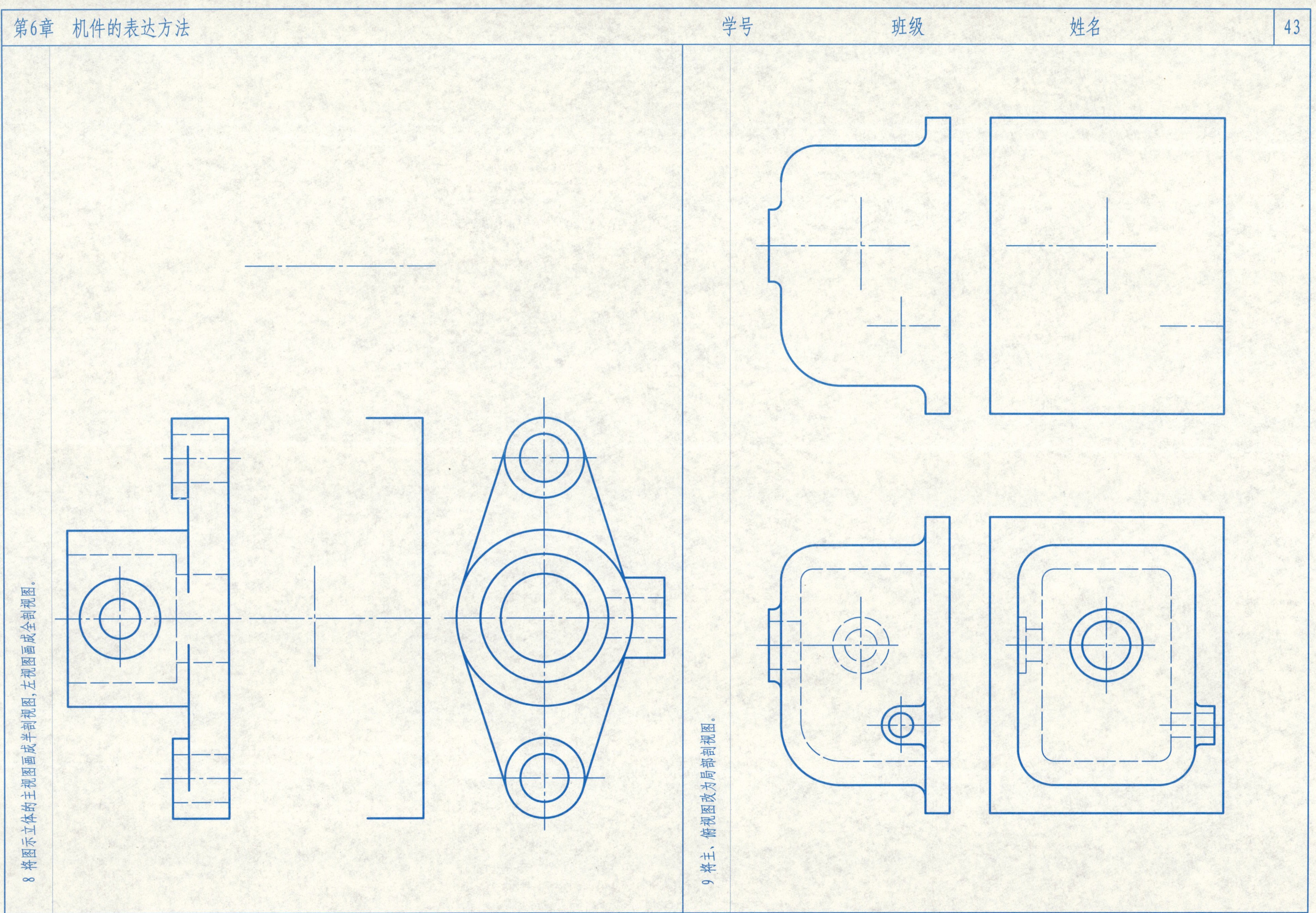

8 将图示立体的主视图画成半剖视图，左视图画成全剖视图。

9 将主、俯视图改为局部剖视图。

10 根据已知视图，按1：1标注尺寸，尺寸数值从图中测量并取整数。

(1)

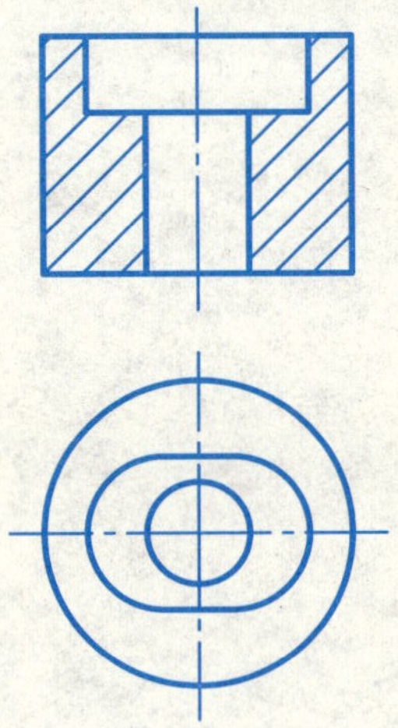

(2)

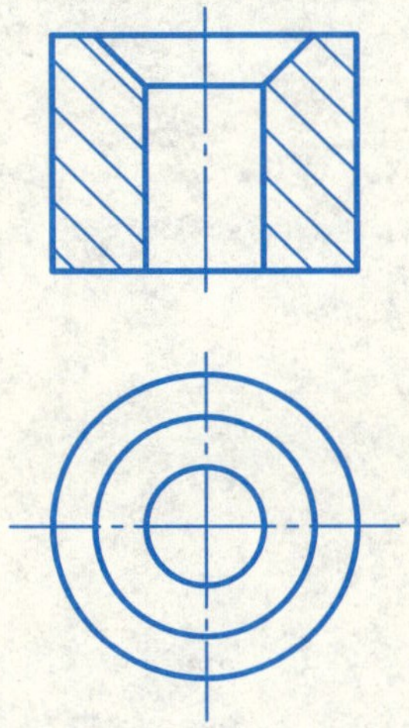

(4)

A－A

B

B

C

A

A

C

A

(3)

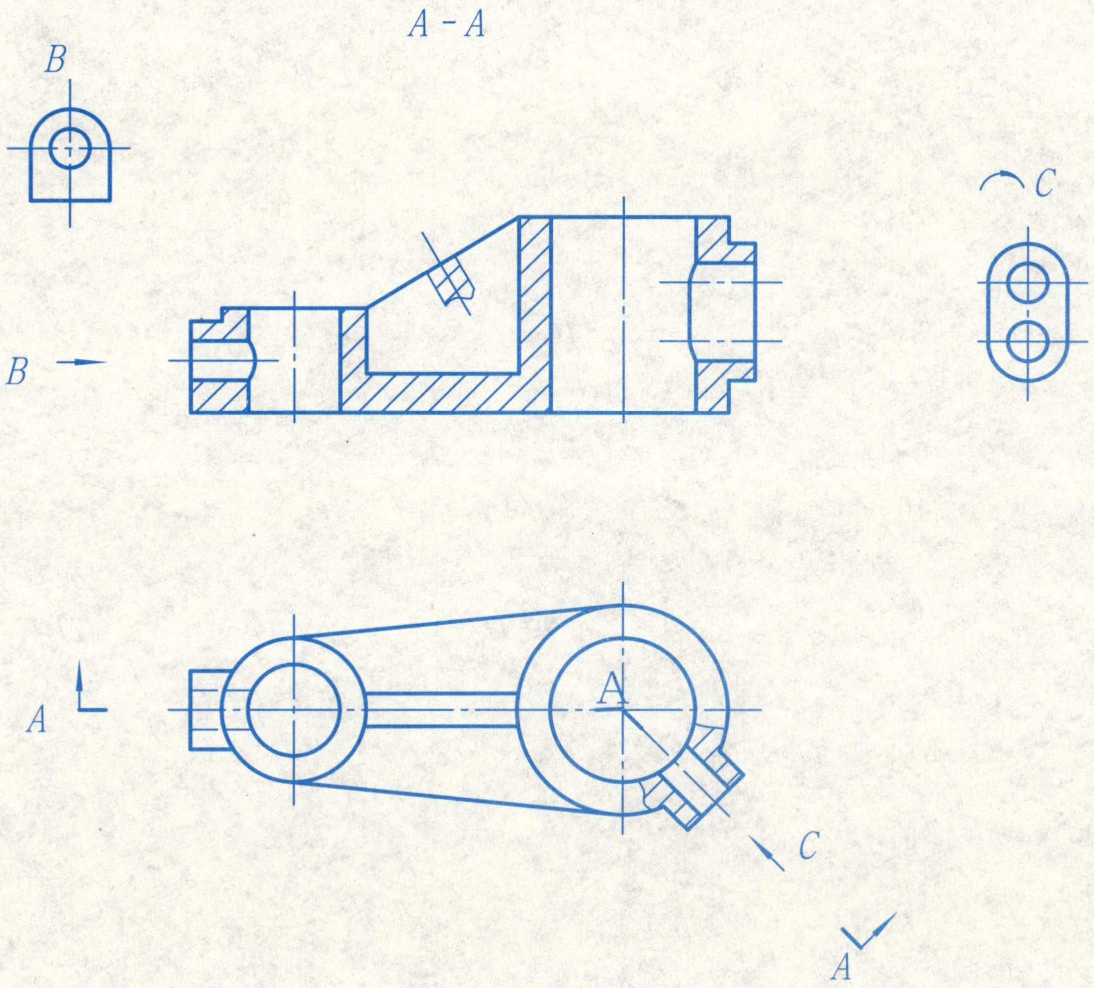

11 根据已知视图，按1：1标注尺寸，尺寸数值从图中测量并取整数。

(2)

(1)

12 画A-A全剖视图，并在A-A全剖视图和俯视图中标注尺寸，按1：1测量。

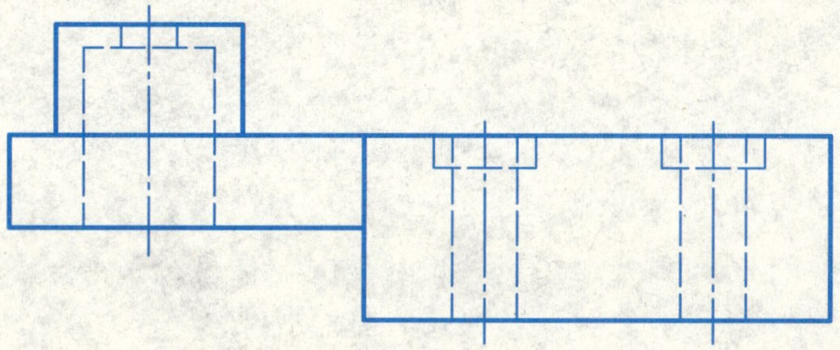

A－A

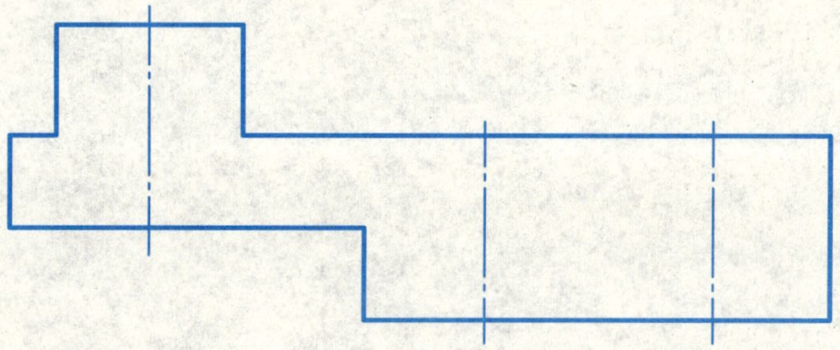

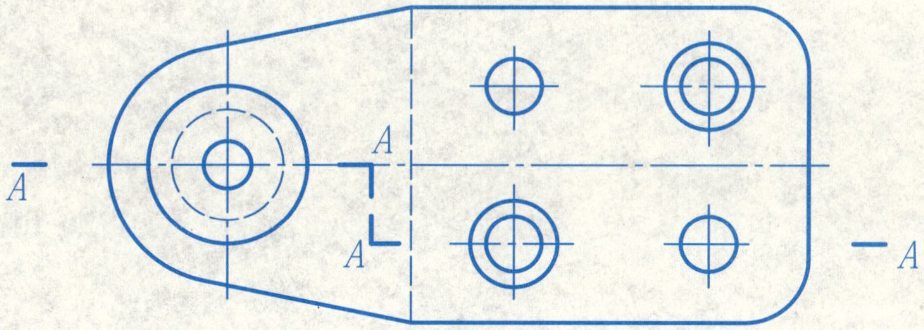

13 将主视图和左视图改为适当的局部剖视。

14 将主视图和俯视图改为适当的局部剖视。

15 改正局部剖视图中的错误。

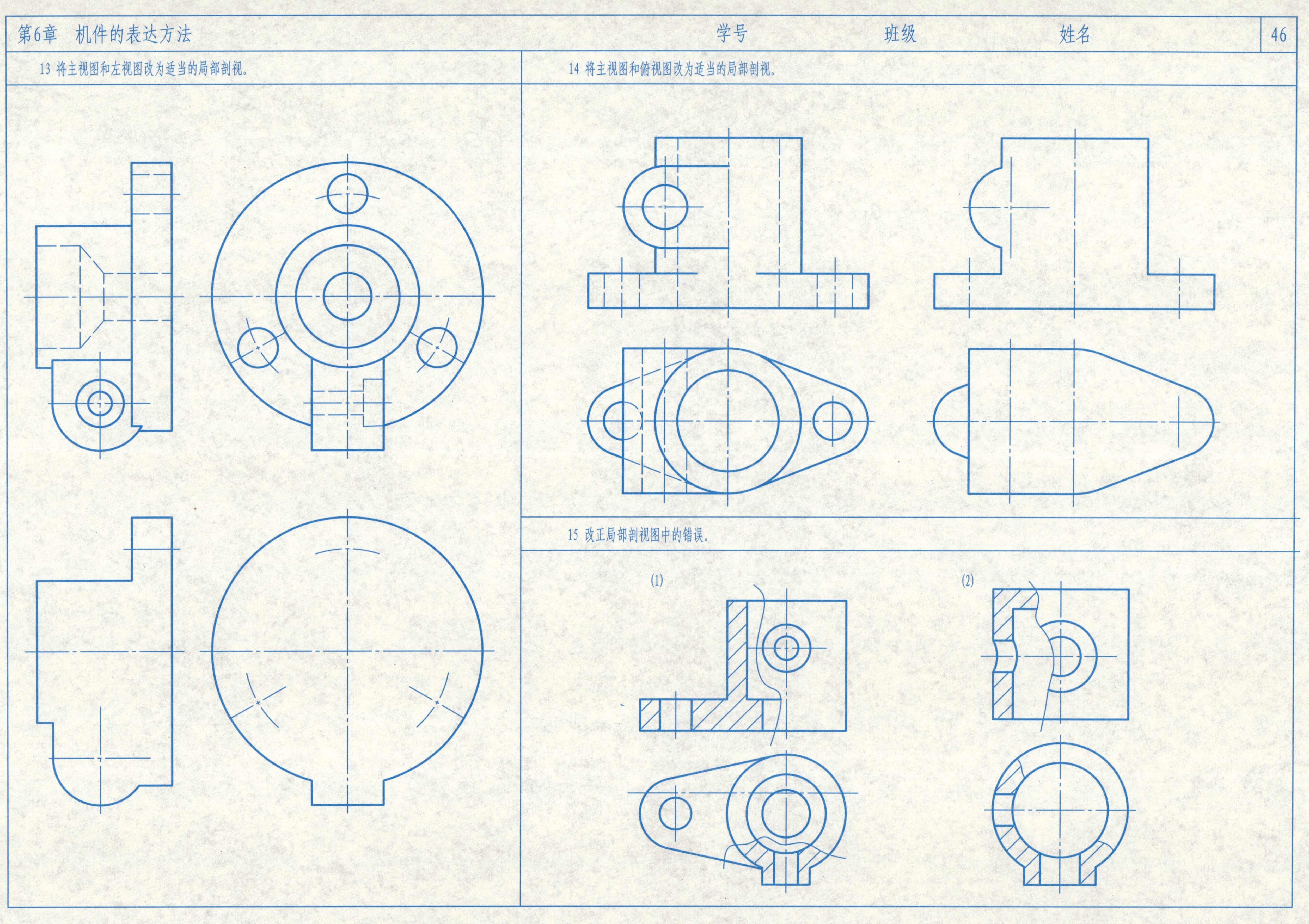

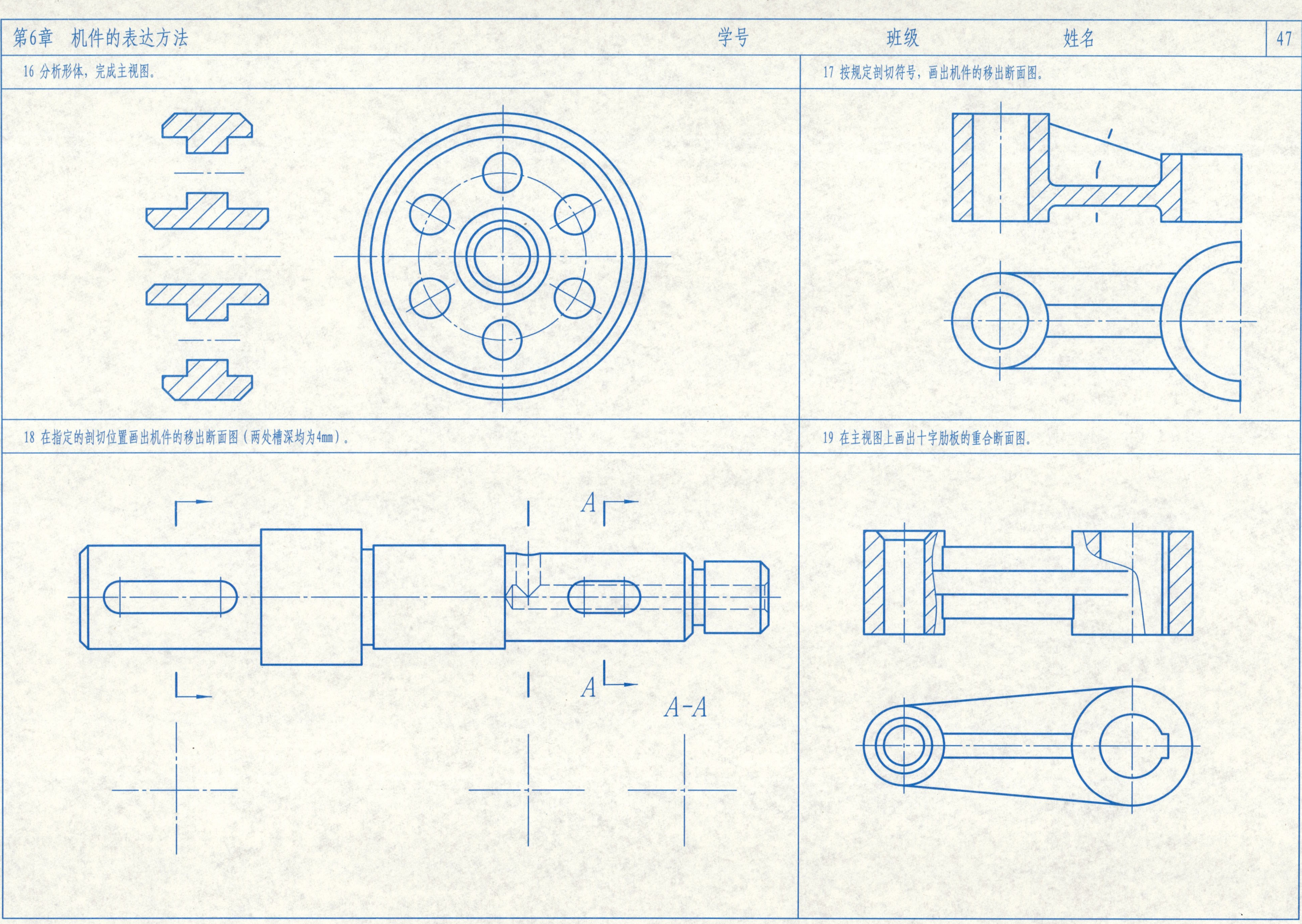
16 分析形体，完成主视图。
17 按规定剖切符号，画出机件的移出断面图。
18 在指定的剖切位置画出机件的移出断面图（两处槽深均为4mm）。
A
A
A-A
19 在主视图上画出十字肋板的重合断面图。

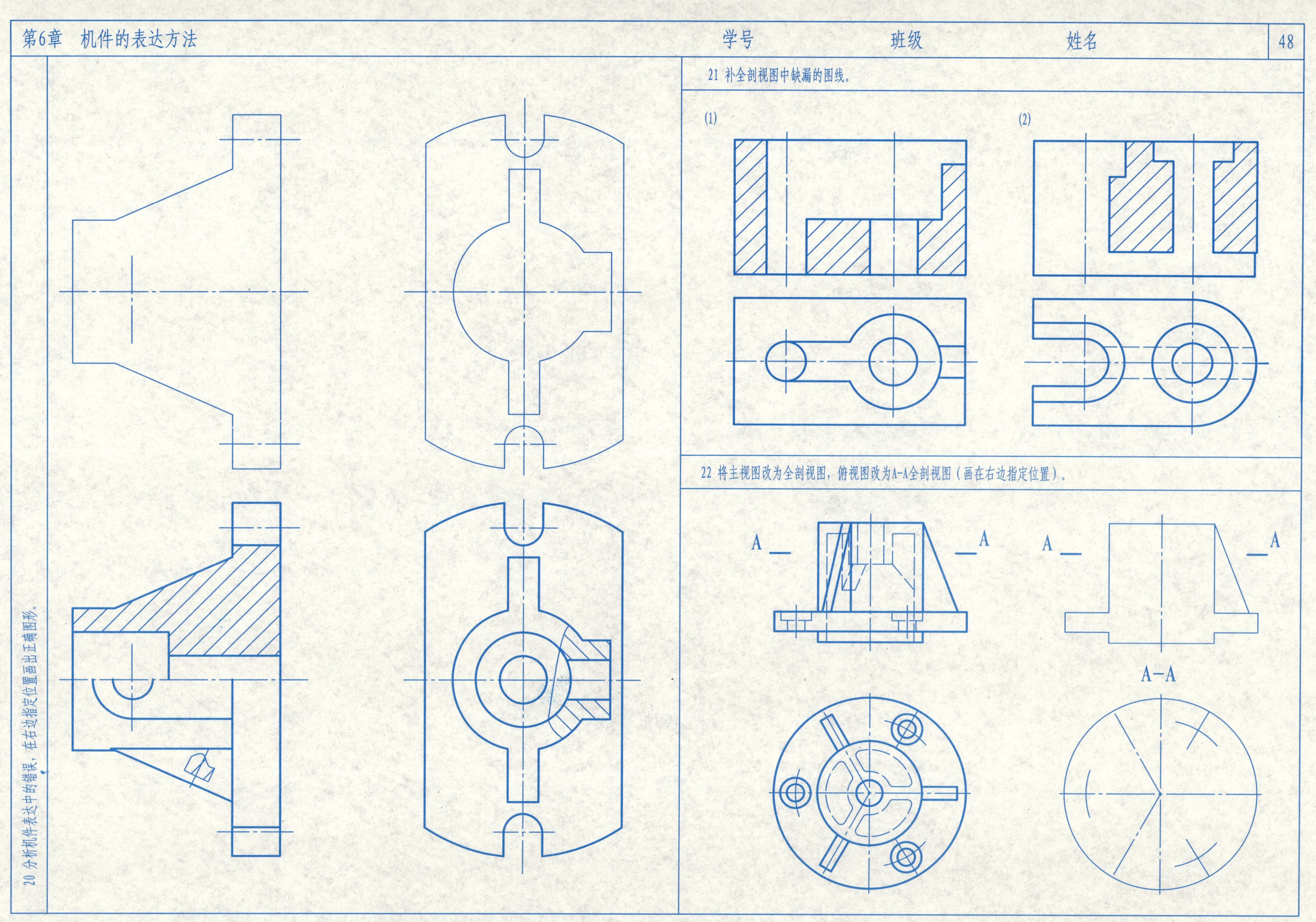
第6章 机件的表达方法
学号
班级
姓名
48
21 补全剖视图中缺漏的图线。
(1)
(2)
22 将主视图改为全剖视图，俯视图改为A-A全剖视图（画在右边指定位置）。
A
A
A
A
A-A
20 分析机件表达中的错误，在右边指定位置画出正确图形。

第二次大作业　剖视图

一、目的：掌握用剖视及其它表达方法表示物体的能力。

二、要求：表达方法正确，尺寸标注完整、正确、清晰、合理。

三、注意事项：

1，剖切符号符合国标规定；

2，同一机件的剖面线应间隔相同，方向一致。

四、内容：

按右图中所给立体、尺寸，采用适当的表达方法，表达清楚机件的内外形状，并标注尺寸。

图名：支　座

图幅：A3横放

比例：1：1

材料：HT200

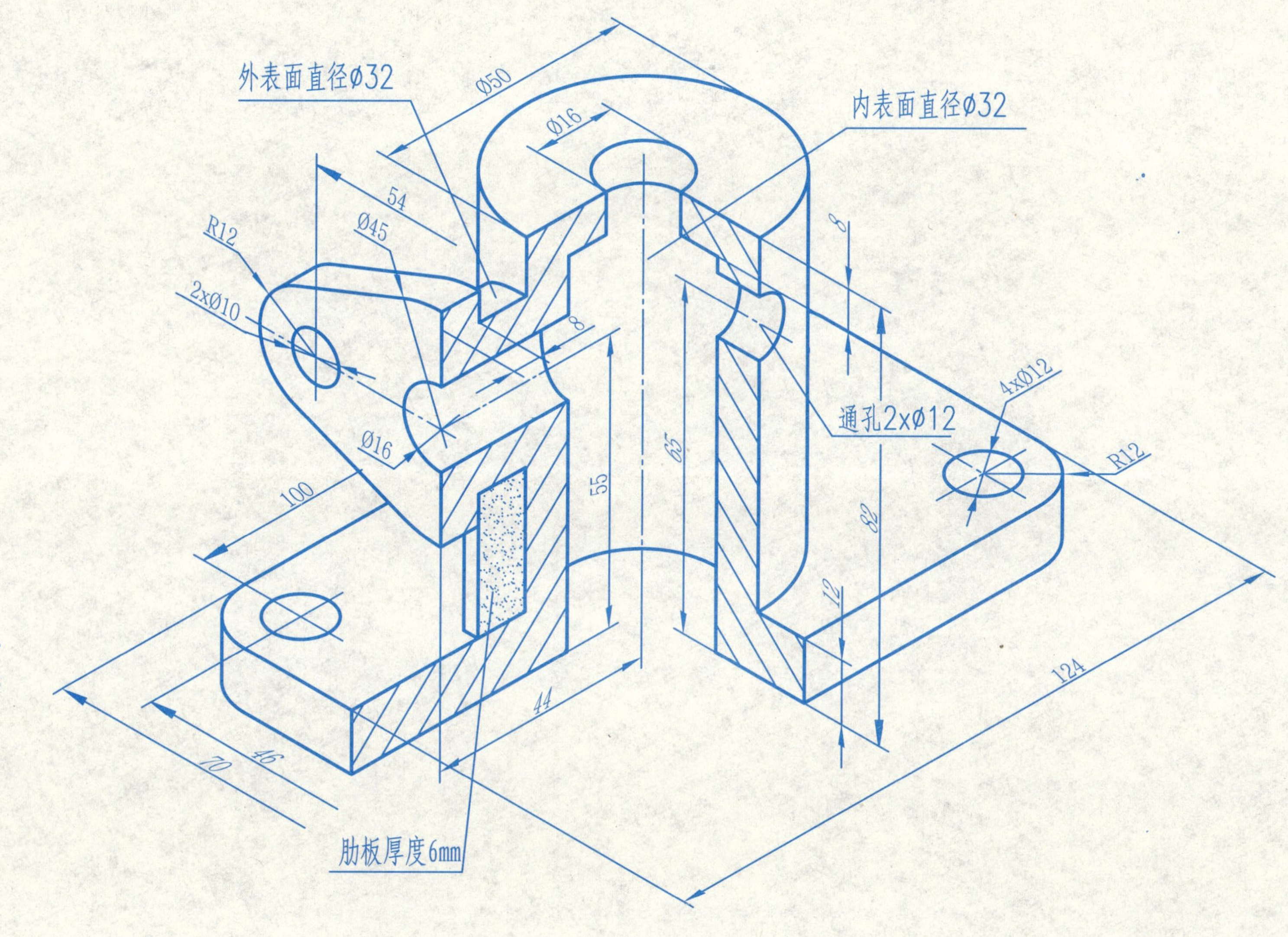

回答下列问题：

一、零件的总体尺寸是：总长_____，总高_____，总宽_____。

二、底板的尺寸：长____，宽____，高___；圆角半径_____，

圆孔直径_____，圆孔的定位尺寸______________。

三、中央竖圆筒的内径/外径是__________，高度是_______；

通孔2xØ12的意义是：__________________________。

四、左侧凸缘的定形尺寸和定位尺寸分别是：

定形尺寸：__________________________________

定位尺寸：__________________________________

五、本零件是__________（左右、前后、上下）对称。

1 圈出下列螺纹及螺纹连接画法中的错误之处，并将正确的画在指定位置。

(1)

(2)

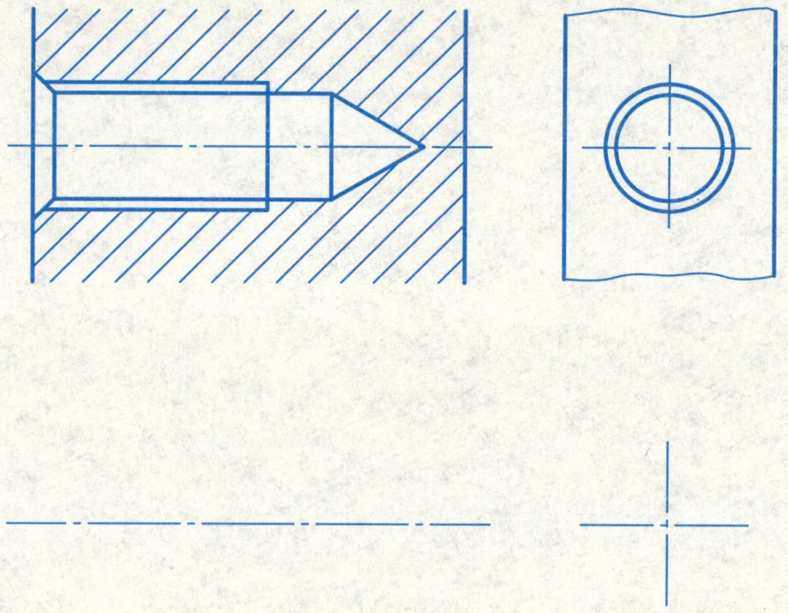

(3)

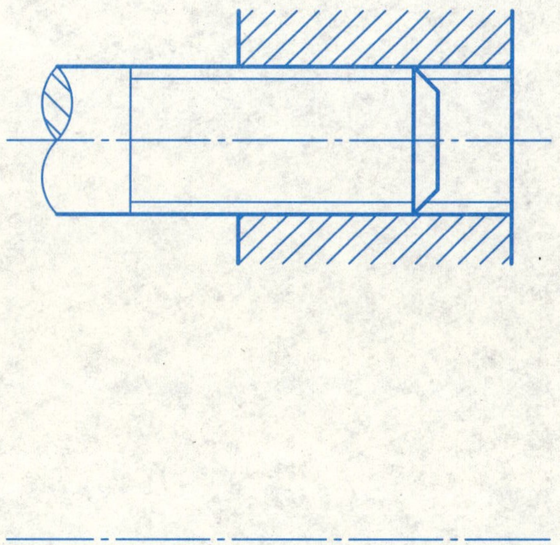

(4)

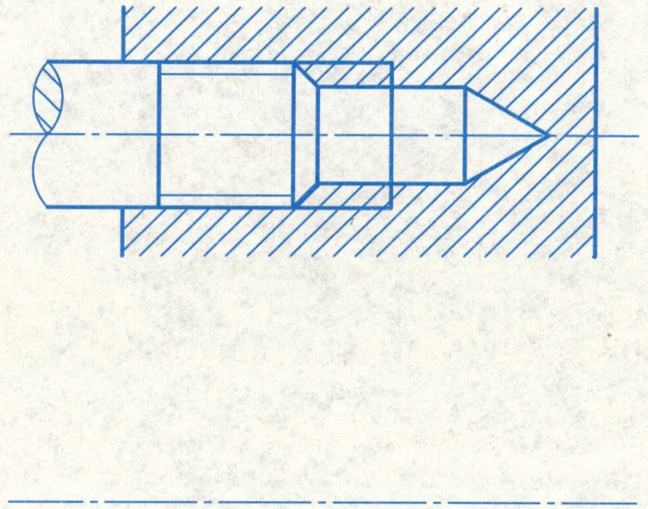

2 按下列给定条件及参数，在图上对螺纹进行标注。

(1) 粗牙普通螺纹，大径20mm，螺距2.5mm，右旋，中径、顶径公差带代号7h6h，长旋合长度

查表确定螺纹小径＿＿＿＿

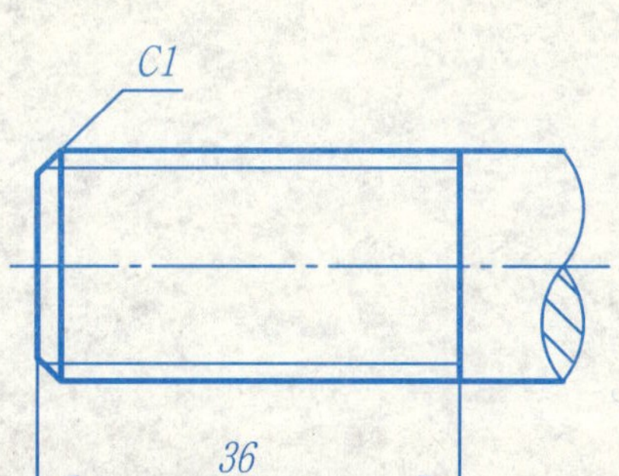

(2) 细牙普通螺纹，大径24mm，螺距1.5mm，左旋，中径、顶径公差带代号5g6g，短旋合长度

查表确定螺纹小径＿＿＿＿

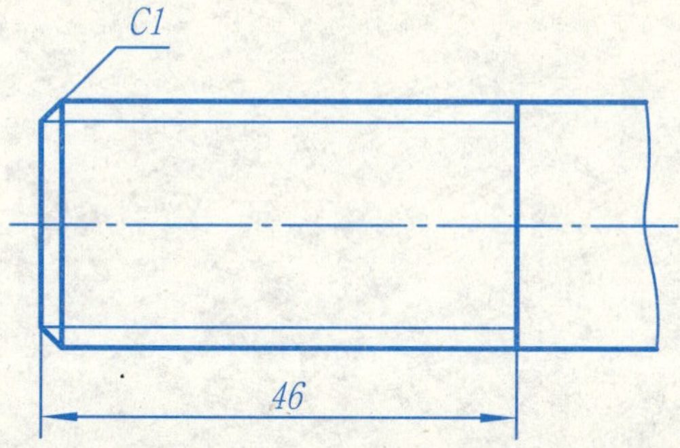

(3) 细牙普通螺纹，大径20mm，螺距1.5mm，左旋，中径、顶径公差带代号7h，中等旋合长度

查表确定螺纹小径＿＿＿＿

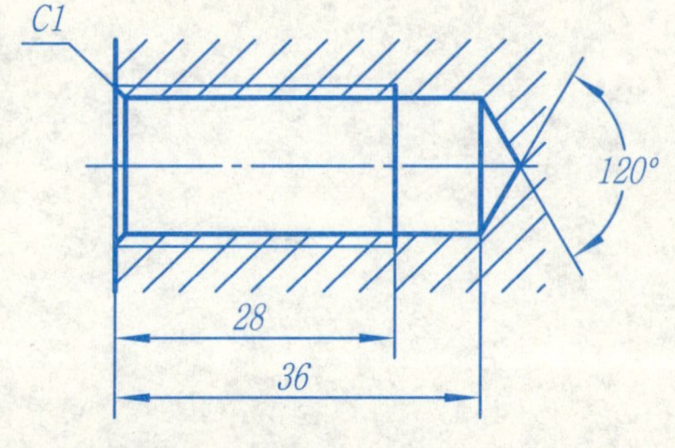

(4) 梯形螺纹，公称直径24mm，导程6mm，螺距3mm，左旋，中径公差带代号7e，中等旋合长度

查表确定螺纹大径＿＿＿＿，小径＿＿＿＿。

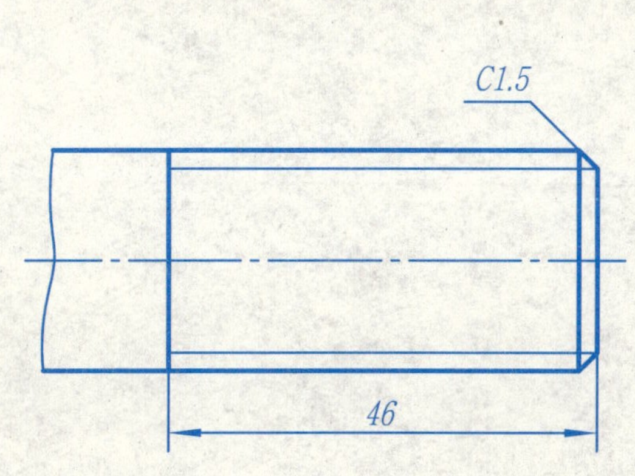

(5) 非螺纹密封圆柱管螺纹，尺寸代号为1½，右旋

查表确定螺纹大径＿＿＿＿小径＿＿＿＿螺距＿＿＿＿。

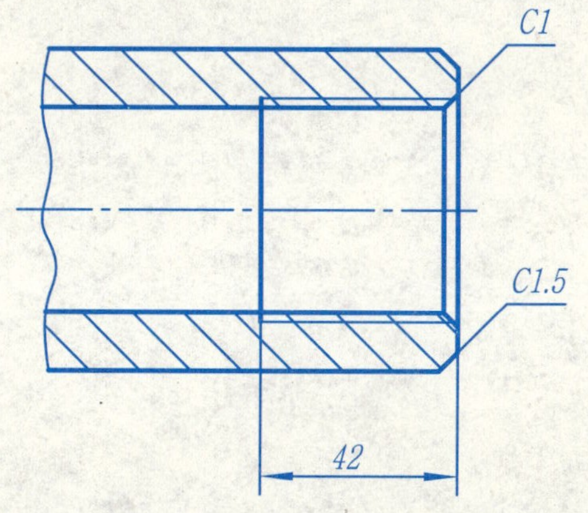

(6) 非螺纹密封圆柱管螺纹，尺寸代号为2¼，公差等级为A级，左旋

查表确定螺纹大径＿＿＿＿小径＿＿＿＿螺距＿＿＿＿。

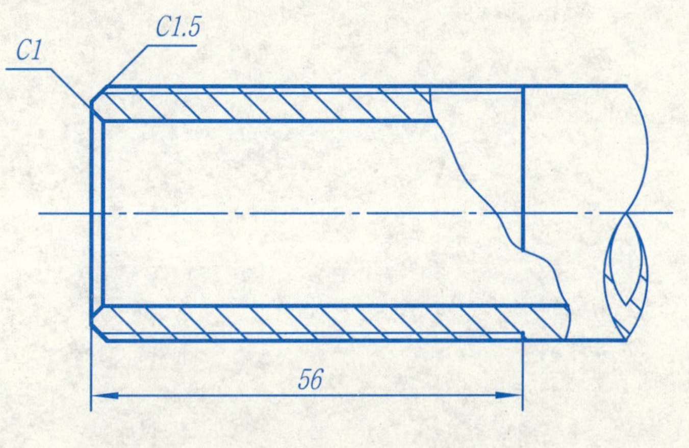

3 按规定标记查表后填写螺纹紧固件的尺寸或按图中所标注的规格尺寸查表后填写规定标记。

(1) 规定标记：螺栓 GB/T 5780 M12×50

(2) 规定标记：螺柱 GB/T 898 AM16×60

(3) 规定标记：螺钉 GB/T 68 M8×45

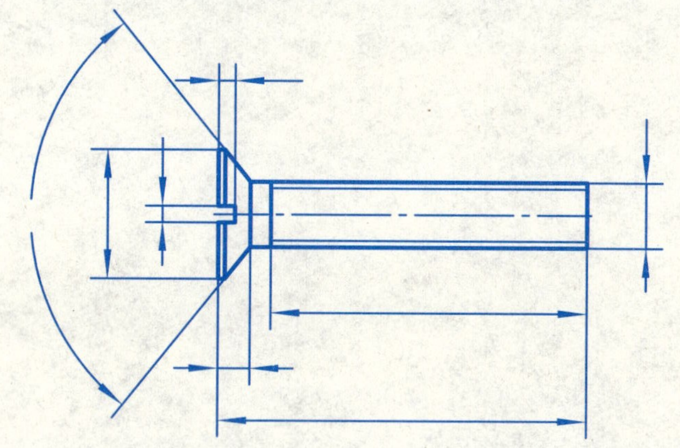

(4) 规定标记：螺钉 GB/T 65 M10×50

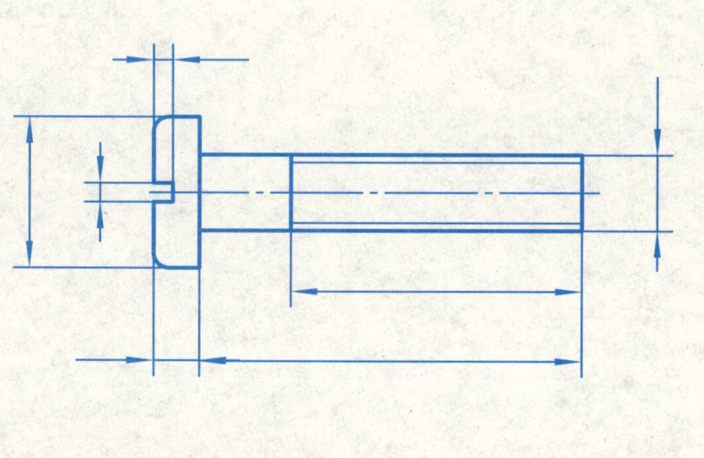

(5) A级的Ⅰ型六角螺母

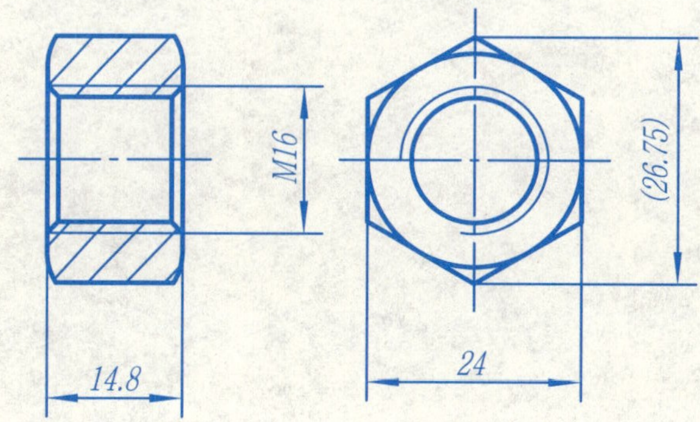

该螺母的规定标记：

(6) 平垫圈

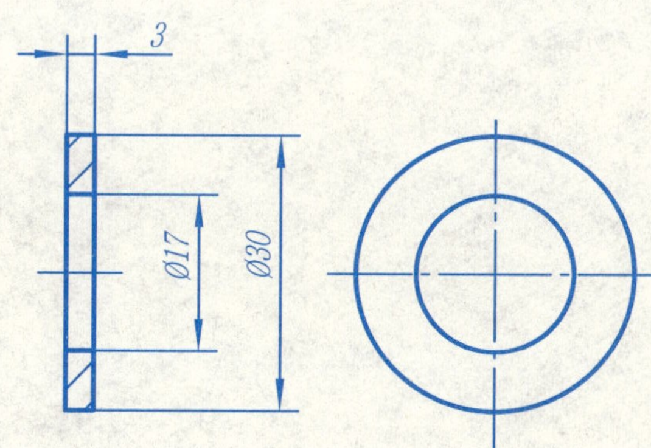

该垫圈的规定标记：

4 (1)螺栓连接的画法

已知螺栓GB/T 5782 M16×l（l计算后查表取标准值），螺母GB/T 6170 M16，垫圈GB/T 97.1 16，

用比例画法中的简化画法画出连接后的主、俯、左视图（视图比例1:1，不必标注尺寸），其中左视图按不剖处理

并写出螺栓的规定标记：________________

28

28

60

(2)双头螺柱连接的画法

已知双头螺柱GB/T 898 M16×l（l计算后查表取标准值），

螺母GB/T 6170 M16，垫圈GB/T 97.1 16，

用比例画法中的简化画法画出连接后的主视图和俯视图（视图比例1:1，不必标注尺寸）

并写出双头螺柱的规定标记：________________

15

50

5 圈出下列螺纹连接画法中的错误之处，并在指定位置画出正确的图形。

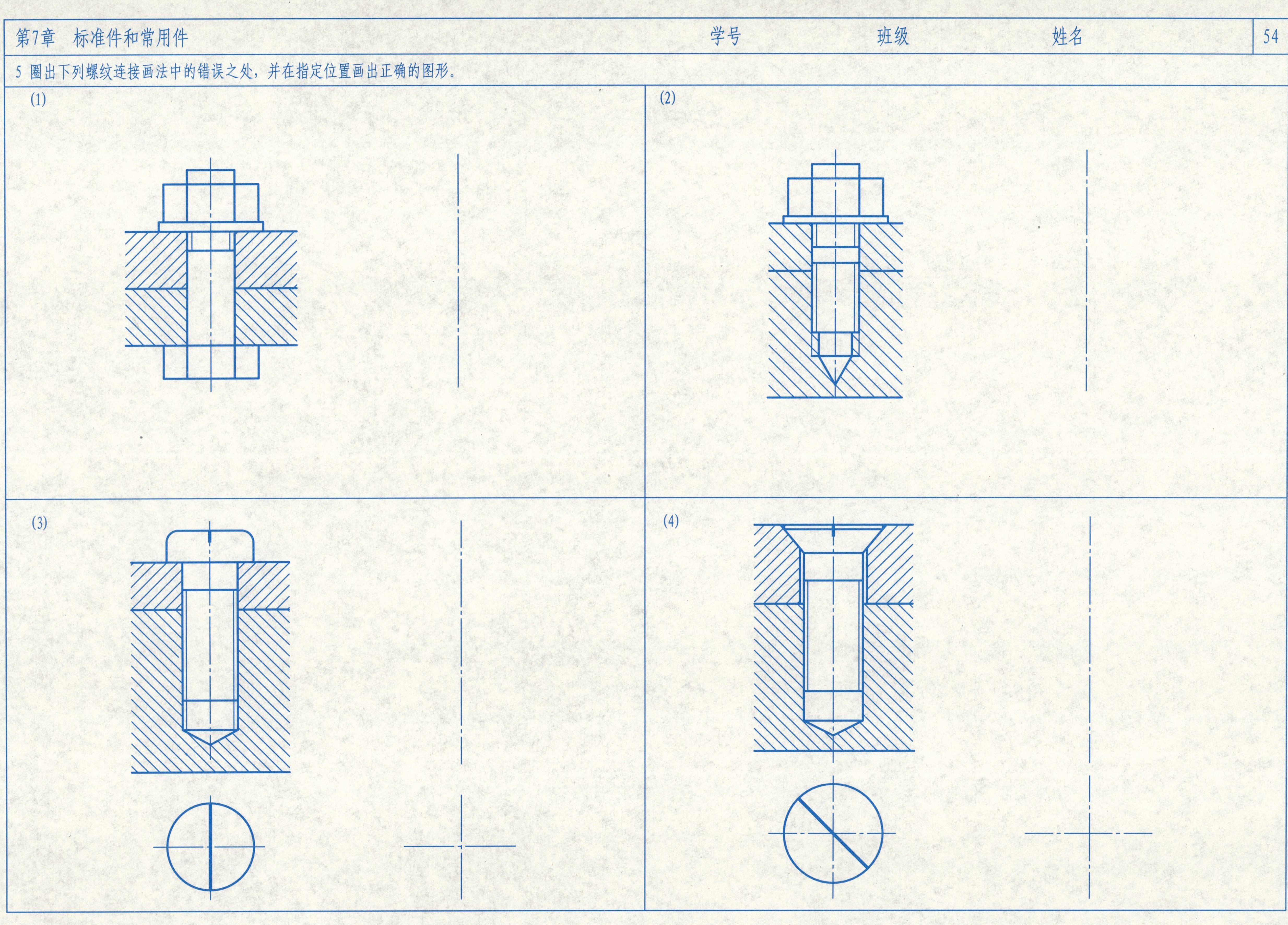

6 (1) 已知普通平键：GB/T 1096 键12X8X28 查表完成主视图，画出键槽A-A断面图，并标注尺寸（包括公差）。
(2) 完成与左轴相配合的齿轮轴孔的主视图和A向局部视图，并标注尺寸（包括公差）。

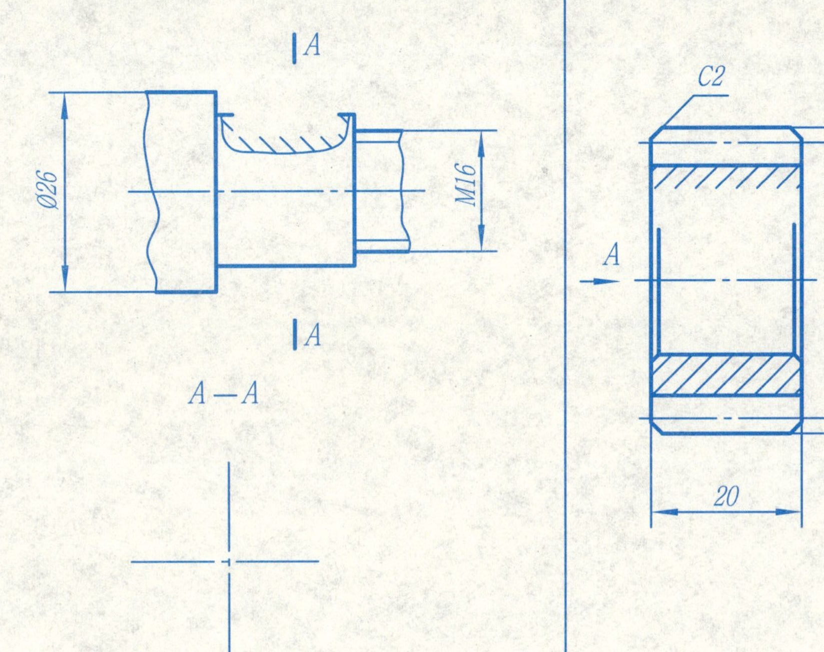

(1)

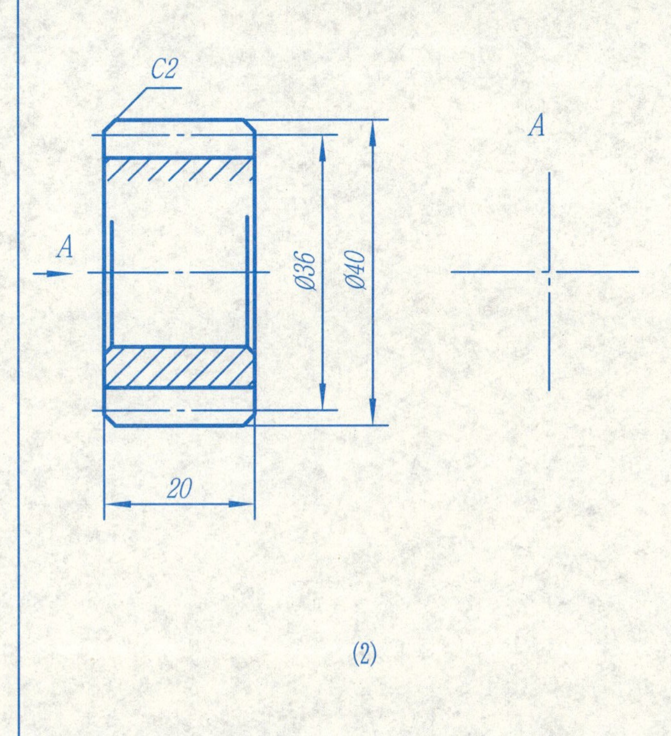

(2)

(3) 画出（1）（2）两题的轴与齿轮用键连接的装配图，并写出键的规定标记。

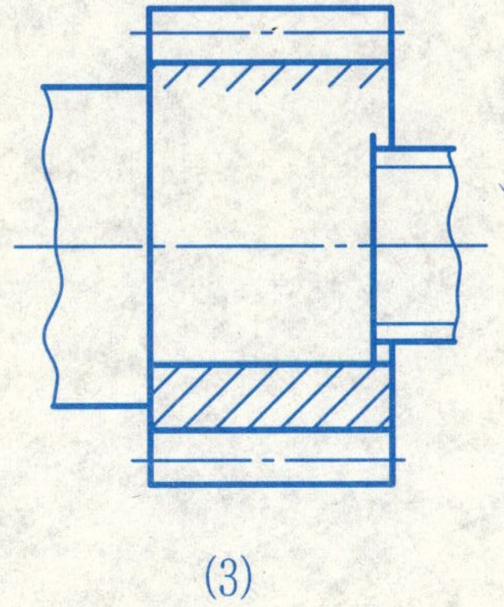

(3)

标记：＿＿＿＿＿＿＿＿＿＿＿＿

(4) 图(1)为轴、齿轮和销的视图，画用销（GB/T 119.1 5m6 × 30）联接轴和齿轮的装配图（图(2)）。

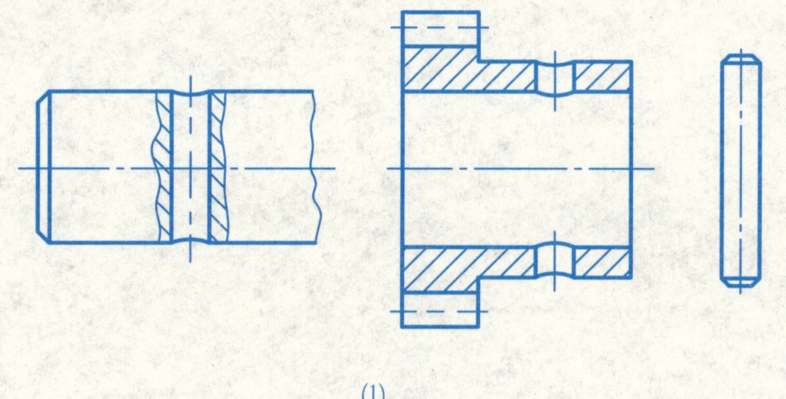

(1)

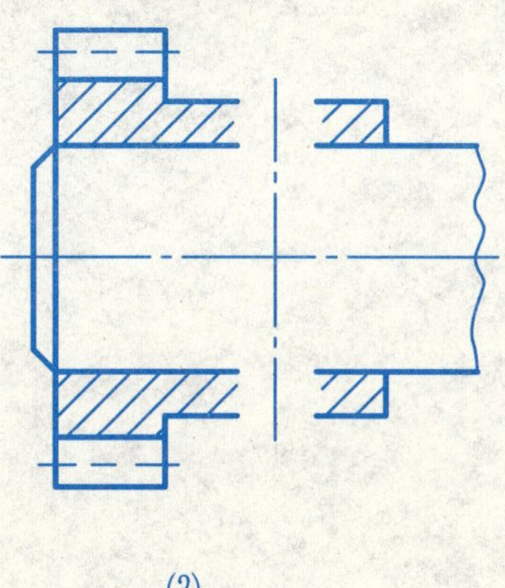

(2)

7 (1)按1:1画滚动轴承（规定画法）。(2)根据轴径查表画出 A-A和 B-B 移出断面图。(3)查表画出I、II处的越程槽局部放大图。

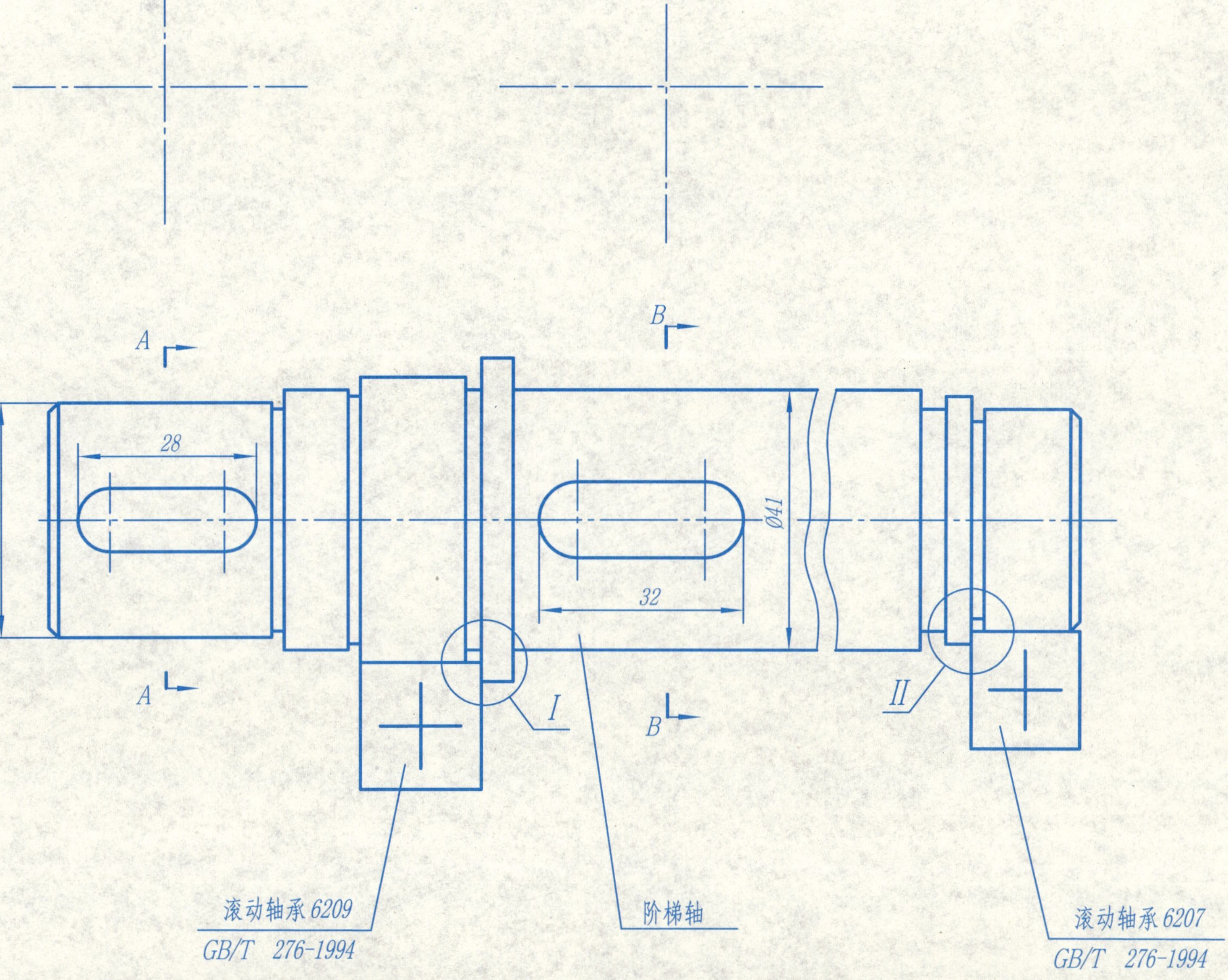

8 已知直齿圆柱齿轮模数m=5，z=39，试计算该齿轮的分度圆、齿顶圆和齿根圆的直径。用1:2完成下列两视图，并注尺寸（轮齿倒角C1.5）。

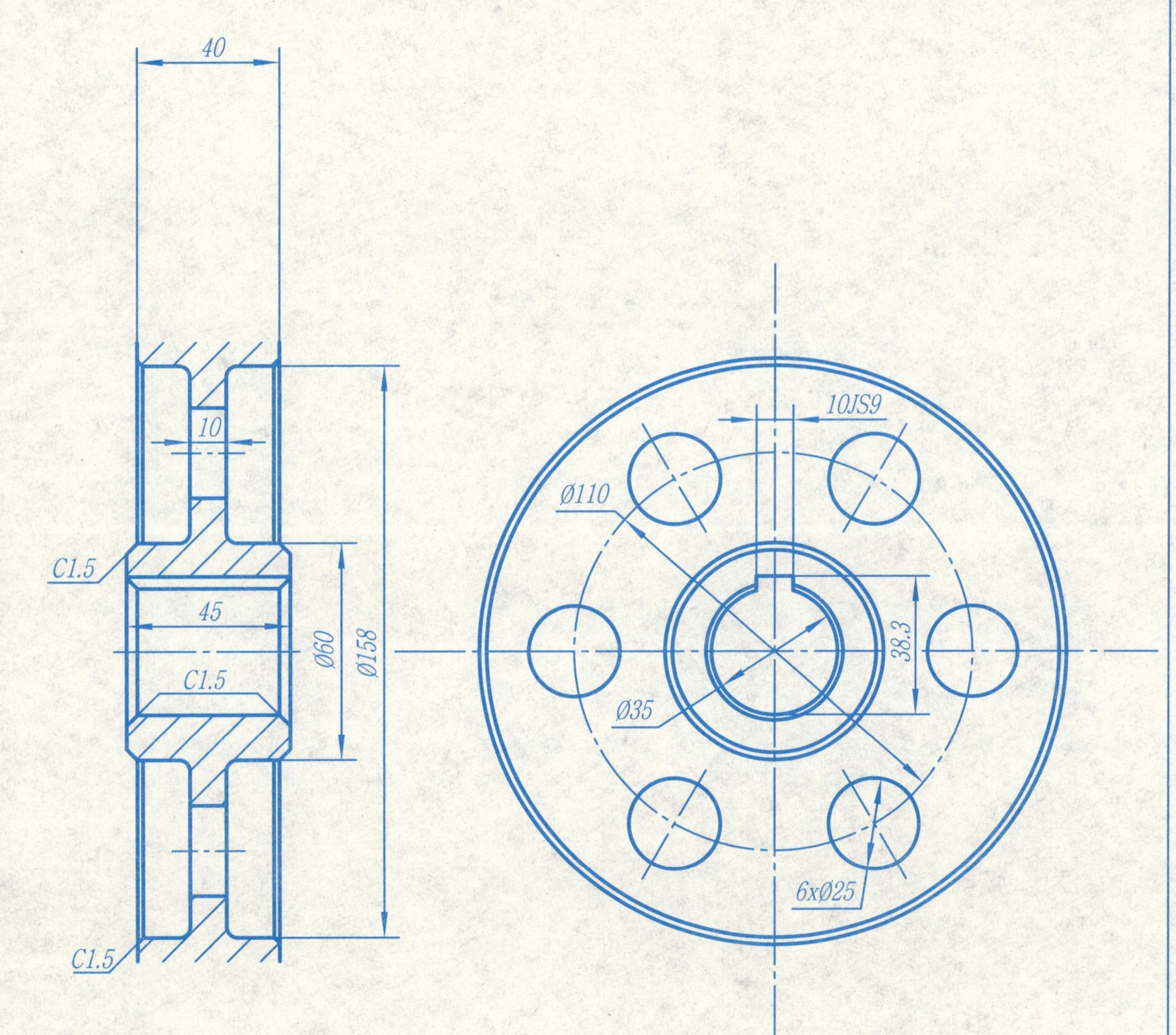

9 已知大齿轮模数m=4，齿数z_2=38，两齿轮的中心距a=116mm，试计算大小两齿轮的分度圆、齿顶圆和齿根圆的直径及传动比。用1:2完成下列直齿圆柱齿轮的啮合图，并将计算公式写在左侧空白处。

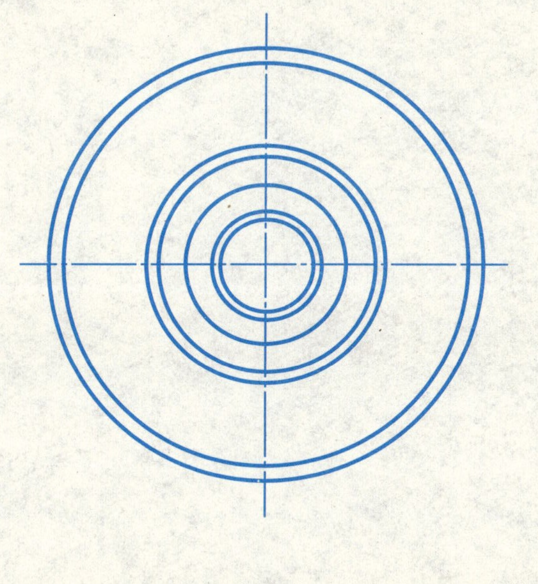

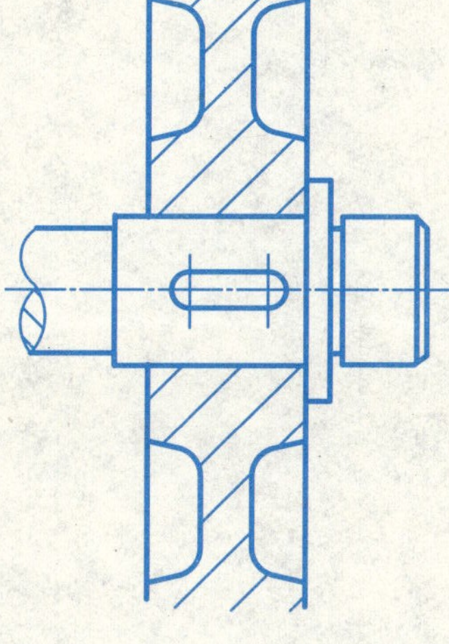

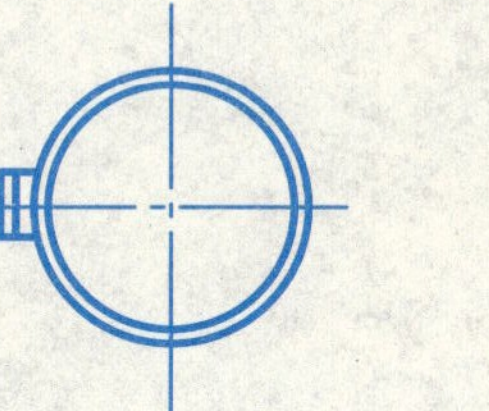

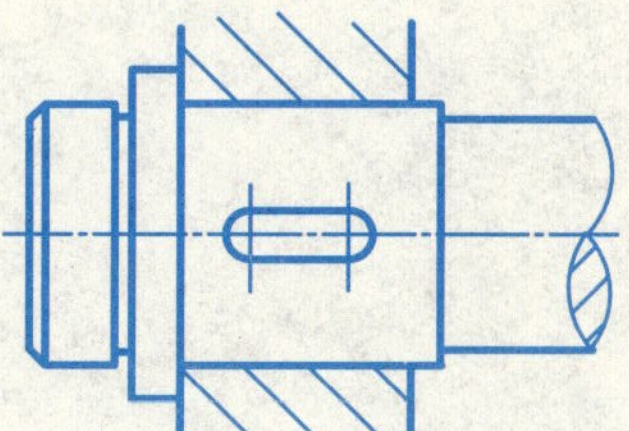

10 已知圆柱螺旋压缩弹簧的材料直径d=10mm，弹簧中径D=45mm，自由高度H_0=130，支承圈数n =2.5，右旋．用1:1画出弹簧的全部视图。

（轴线水平放置）

1 圈出下列零件图中工艺结构不合理或画法错误之处，并将正确的结构和图形画在指定位置（不必尺寸标注）。

(1) 毛坯铸件

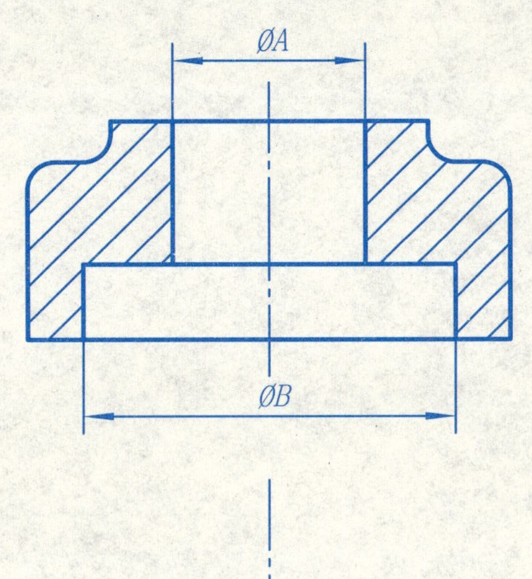

(2) 毛坯件过渡线的画法

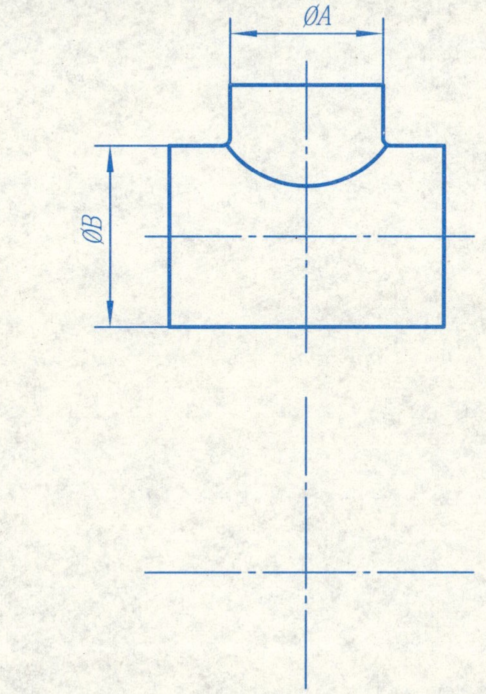

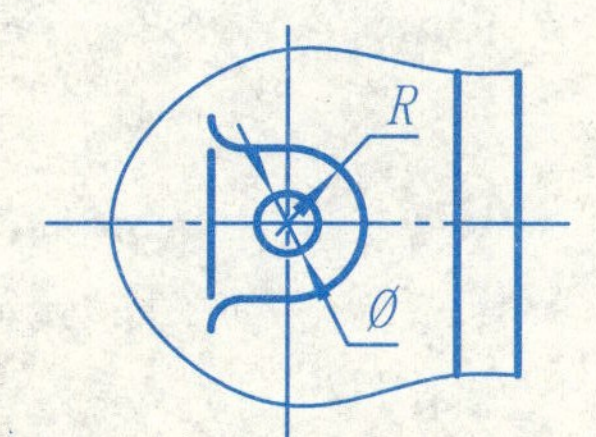

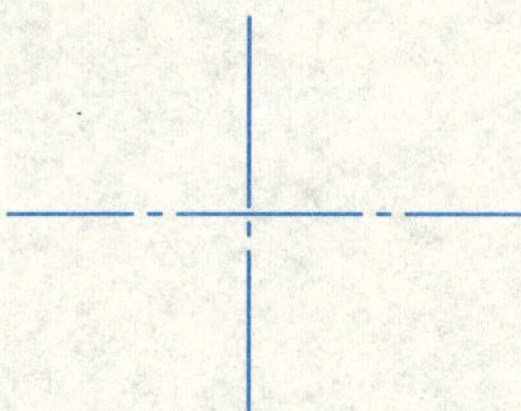

(3) 钻孔结构

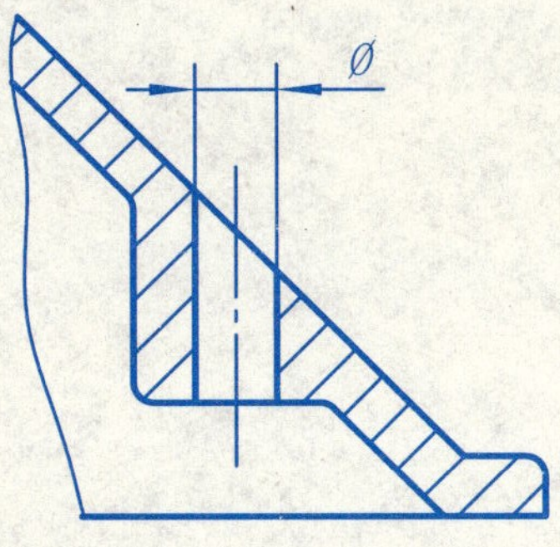

(4) 钻孔结构

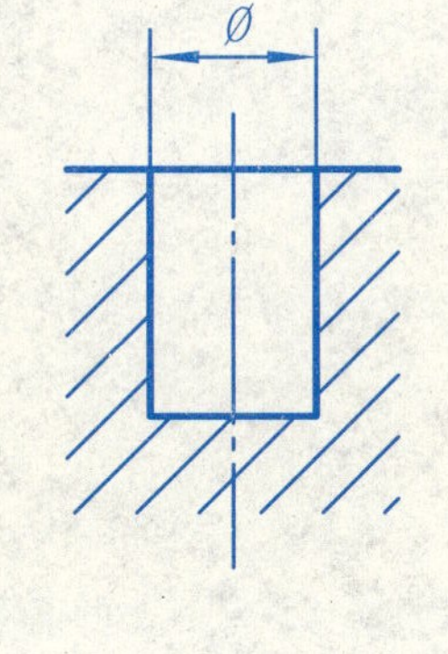

2 画支座的零件图（A3图幅，比例1:1） （材料:HT150）。

回答下列问题:

1. 支座零件的总体尺寸: 总长______ 总高______ 总宽______
2. A向局部视图中R24凸缘的厚度是:______
3. 2X Ø14两个孔的深度是: ______
4. M10-7H的定位尺寸是:______
5. 在图中标注出主视图的方向，
   支座零件关于______（前后、左右、上下）对称。
6. 对表面结构Ra要求最高的表面是______，
   该表面的形状是:______
7. 写出表达方案:
   主视图方向和剖切方法:______
   ______
   俯视图的表达方法:______
   ______
   左视图的表达方法:______
   ______
   其它视图的表达方法:______
   ______

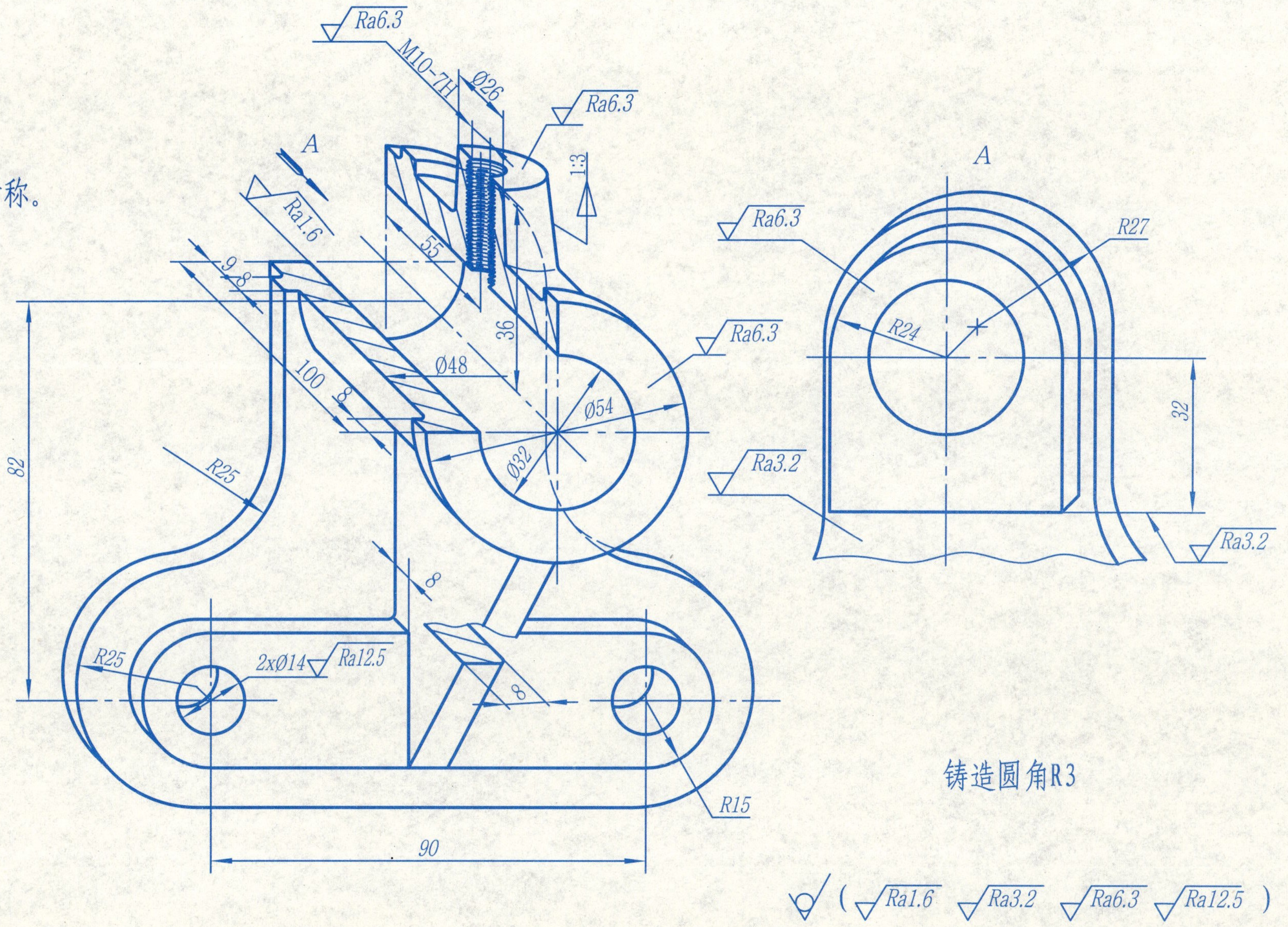

3　根据托架的轴测图绘制其零件图,图中孔均为通孔（材料：08F钢板）。

回答下列问题：

1. 托架零件的总体尺寸：总长______ 总高______ 总宽______
2. 托架零件的厚度是：______
3. 右侧竖板Ø6孔的定位尺寸是：______________
4. 在图中标注出主视图的方向，
托架零件关于______（前后、左右、上下）基本对称。
5. 写出表达方案：
主视图方向和剖切方法：______________
____
俯视图的表达方法：______________
____
左视图的表达方法：______________
____
其它视图的表达方法：______________
____

表面结构说明：

螺纹孔：$\sqrt{Ra6.3}$
所有通孔：$\sqrt{Ra6.3}$
其余$\sqrt{Ra12.5}$

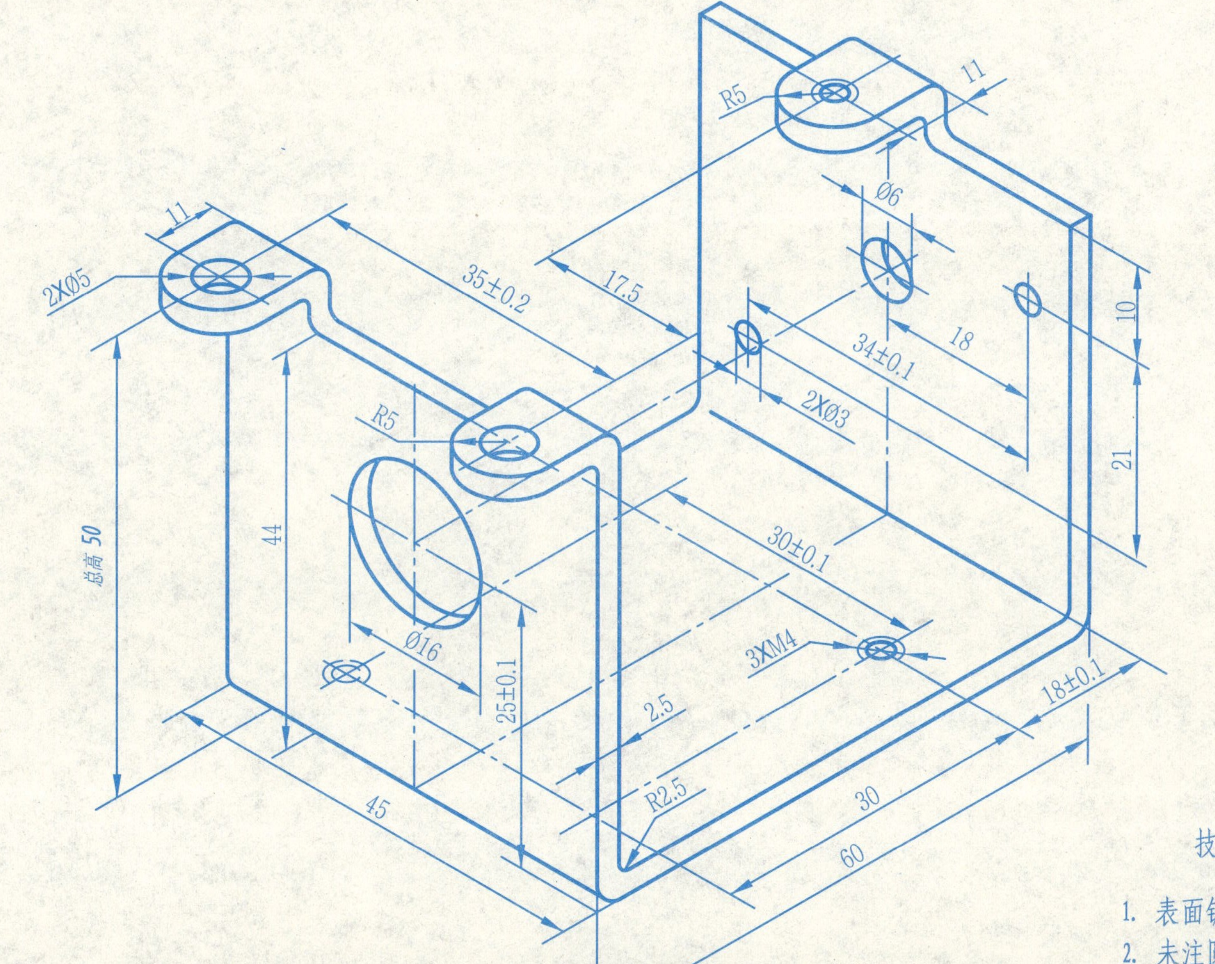

技术要求

1. 表面镀锌钝化
2. 未注圆角 R1.5~2

4　画座盖的零件图（A3图幅，比例1:1）（材料：HT150）。

回答下列问题：

1. 座盖零件的总体尺寸：总长______ 总高______ 总宽______
2. 宽度为15的槽的深度是：______
3. 哪两个圆柱外表面相交产生相贯线：______________
   哪两个圆柱内表面相交产生相贯线：______________
4. Ø10孔的定位尺寸是：______
5. 在图中标注出主视图的方向，
   座盖零件关于________（前后、左右、上下）对称。
6. 对表面结构Ra要求最高的表面是______，
   该表面的形状是：__________
7. 写出表达方案：
   主视图方向和剖切方法：______________
   俯视图的表达方法：______________
   左视图的表达方法：______________
   其它视图的表达方法：______________

表面结构说明：

Ø35通孔内壁：Ra0.8

零件底部R15通孔及宽50深4通槽的内壁：Ra1.6

其余 ∀

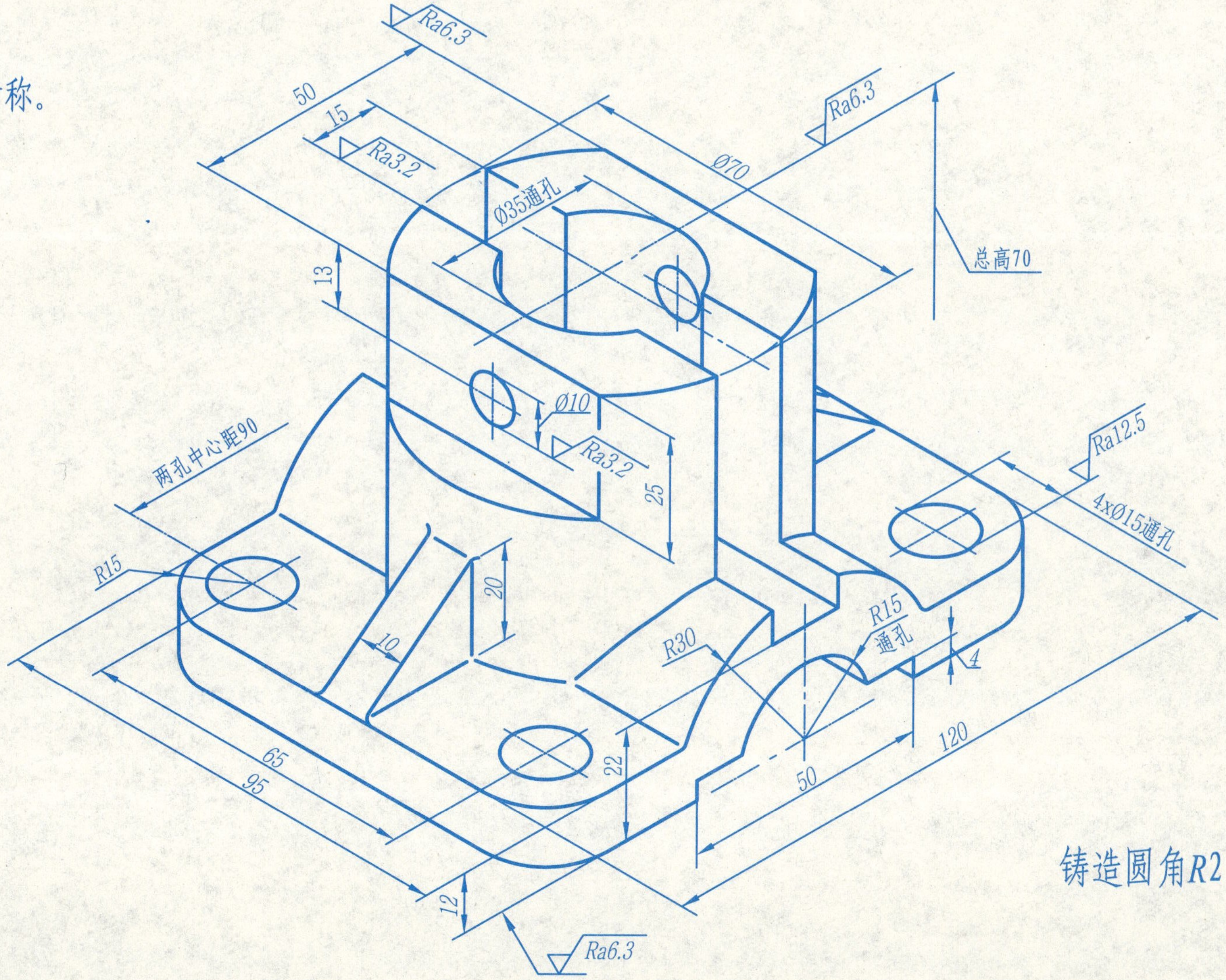

铸造圆角R2

5　根据装配图(1)中的配合尺寸，分别在零件图(2)、(3)、(4)上标注其基本尺寸、公差带代号及极限偏差数值。

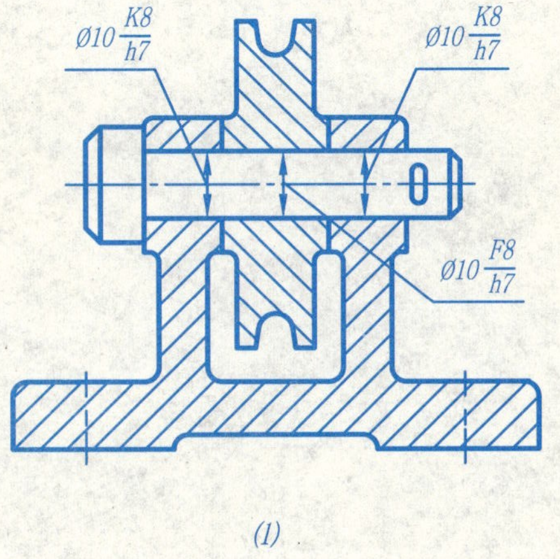

(1)

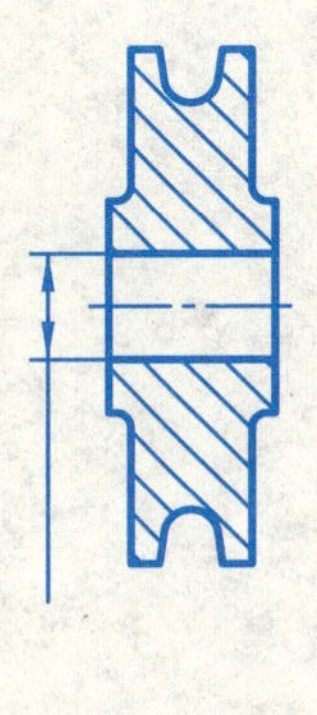

(2)

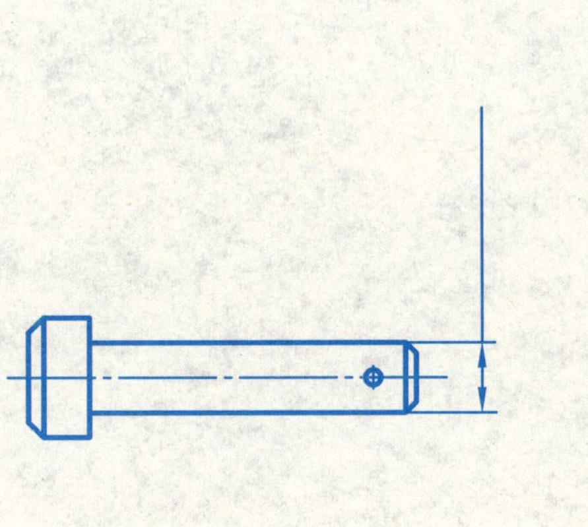

(3)

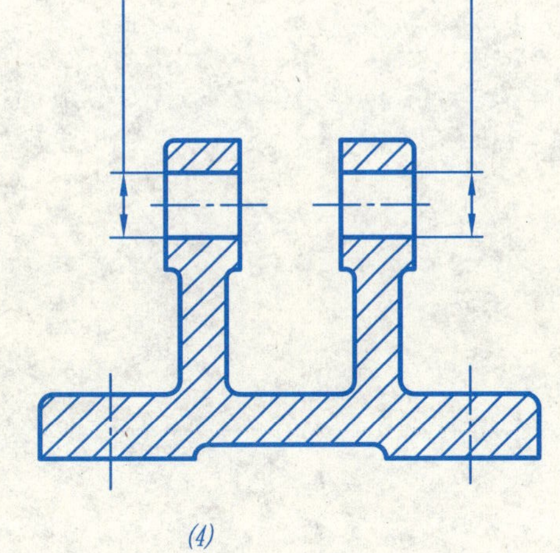

(4)

6　滑块与导轨的基本尺寸是24，采用基孔制间隙配合，标准公差等级均为IT8，滑块的基本偏差代号为e。在装配图(1)中标注滑块与导轨的配合尺寸，并分别在零件图(2)、(3)上标注基本尺寸、公差带代号及极限偏差数值。

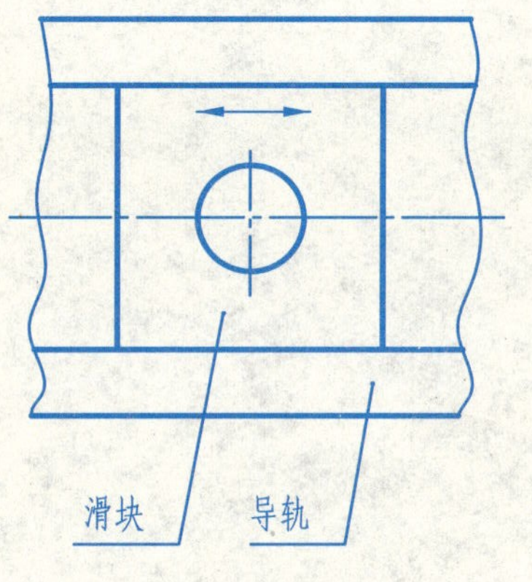

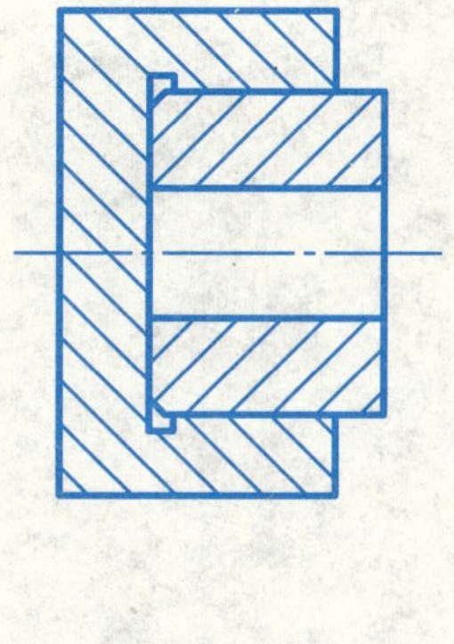

(1)

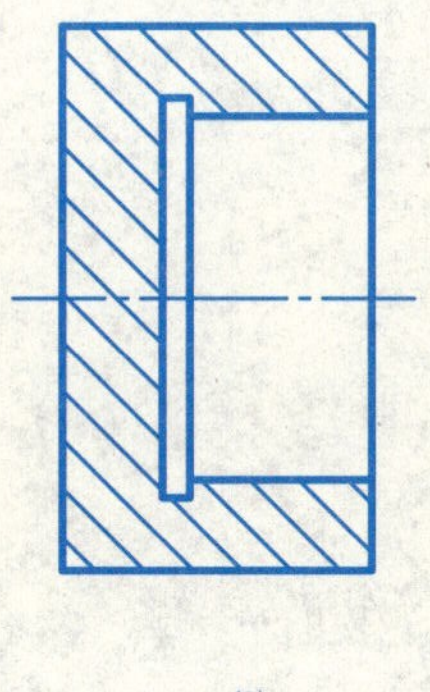

(2)

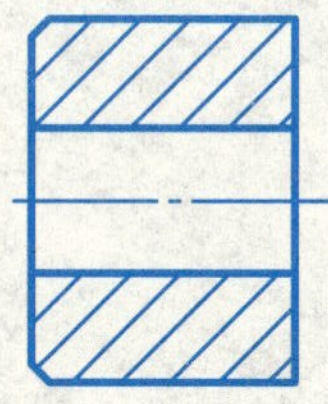

(3)

7　检查表面结构注法上的错误，在右图正确标注。

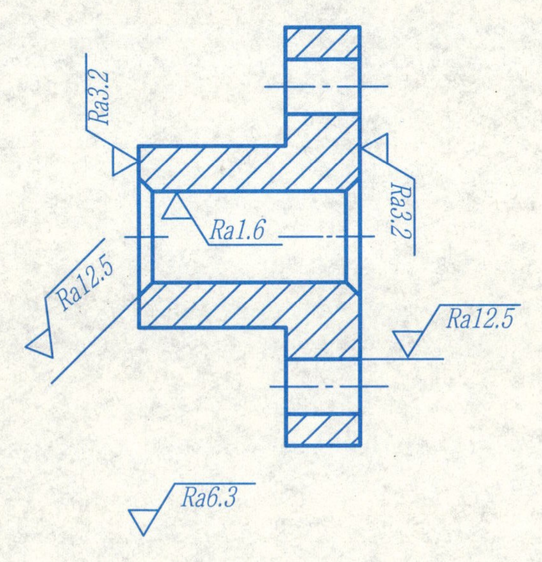

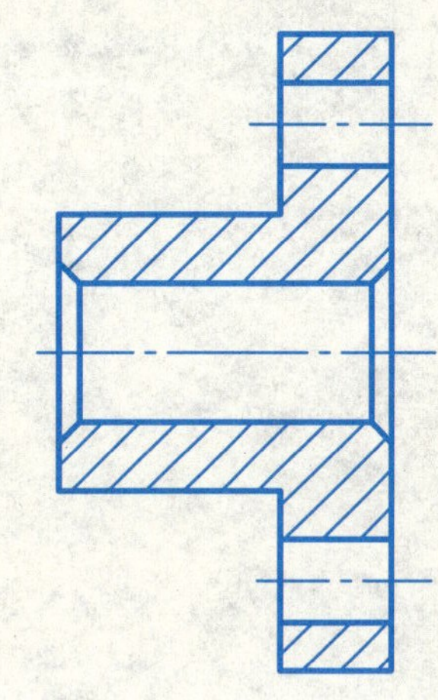

8 按指定的表面及表面结构用代号标注在图上。

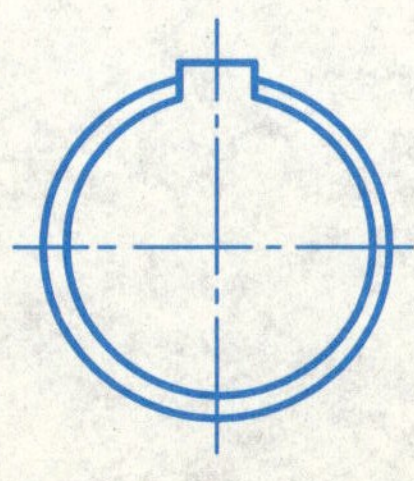

1. 轮齿工作面和轴孔为 Ra6.3
2. 键槽两侧面为 Ra6.3
3. 轮齿两端面及倒角为 Ra12.5
4. 其余表面要求不去除材料

9 根据图 (1)的配合代号分别在零件图(2)、(3)、(4)上标注出孔和轴的基本尺寸及偏差值。并填空。

$Ø30\frac{H8}{k7}$　$Ø20\frac{H7}{f6}$

(1)

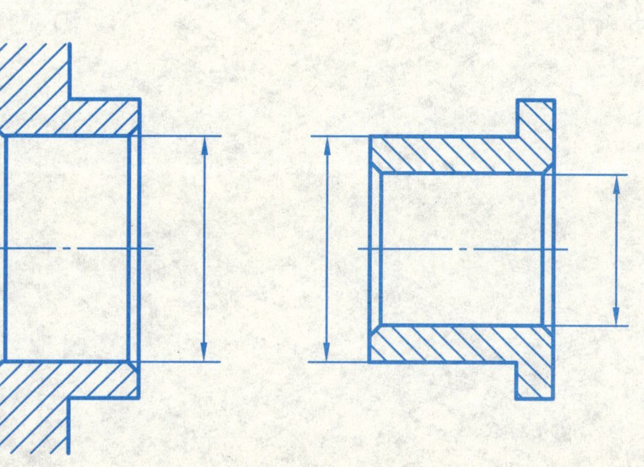

(2)　(3)

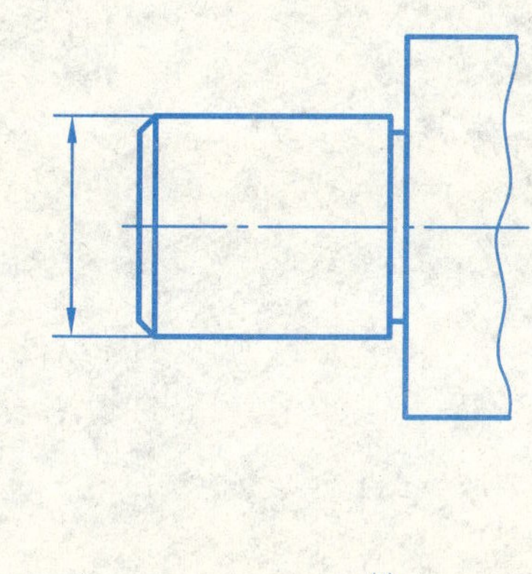

(4)

配合尺寸	配合制	配合种类	基本偏差代号		标准公差等级	
$Ø30\frac{H8}{k7}$			孔		孔	
			轴		轴	

配合尺寸	配合制	配合种类	基本偏差代号		标准公差等级	
$Ø20\frac{H7}{f6}$			孔		孔	
			轴		轴	

10 读主动齿轮轴零件图，在指定位置补绘图中所缺的移出断面图(查表确定槽深)。回答下列问题。

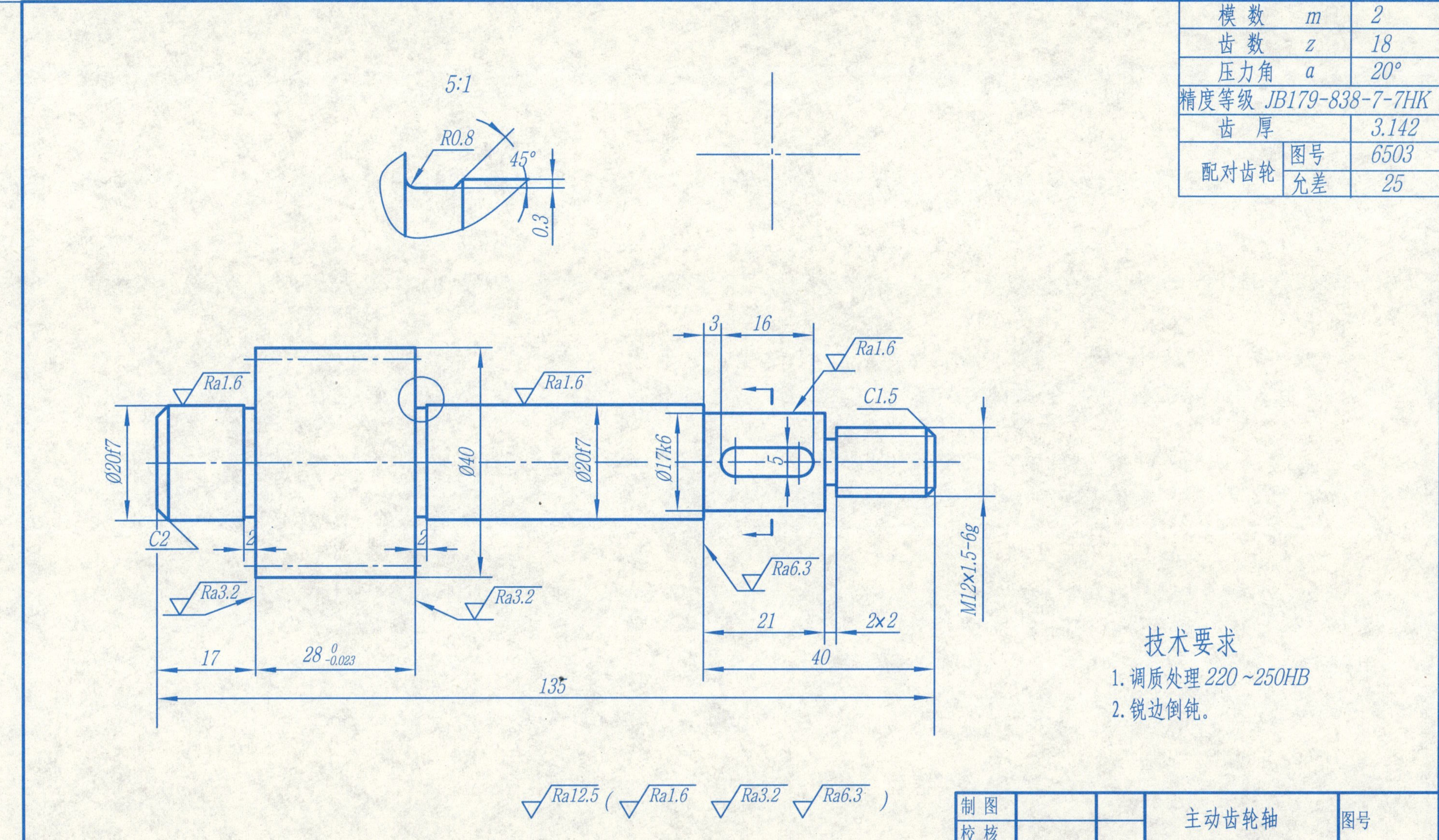

(1) 该零件的名称________，材料________，绘图比例________。

(2) 该零件用____个视图表达，分别是____________，用来表达什么结构?

(3) 在图中分别标出轴的径向和轴向尺寸基准。

(4) 该零件的最右端是________，Ø40处是一段________。

(5) 说明 Ø20f7的含义：Ø20为________，f7是____________，如将 Ø20f7写成有上下偏差的形式，注法是________。

(6) 直径为 Ø20f7 的表面结构是________，该零件的左端面的表面结构是________，相比较而言________更光滑。

(7) 指出图中的工艺结构：它有____处倒角，其尺寸分别为________，有____处退刀槽，其尺寸分别为________，有____砂轮越程槽，其尺寸分别为________。

11 读套筒零件图，在指定位置分别画出B向局部视图和移出断面图.

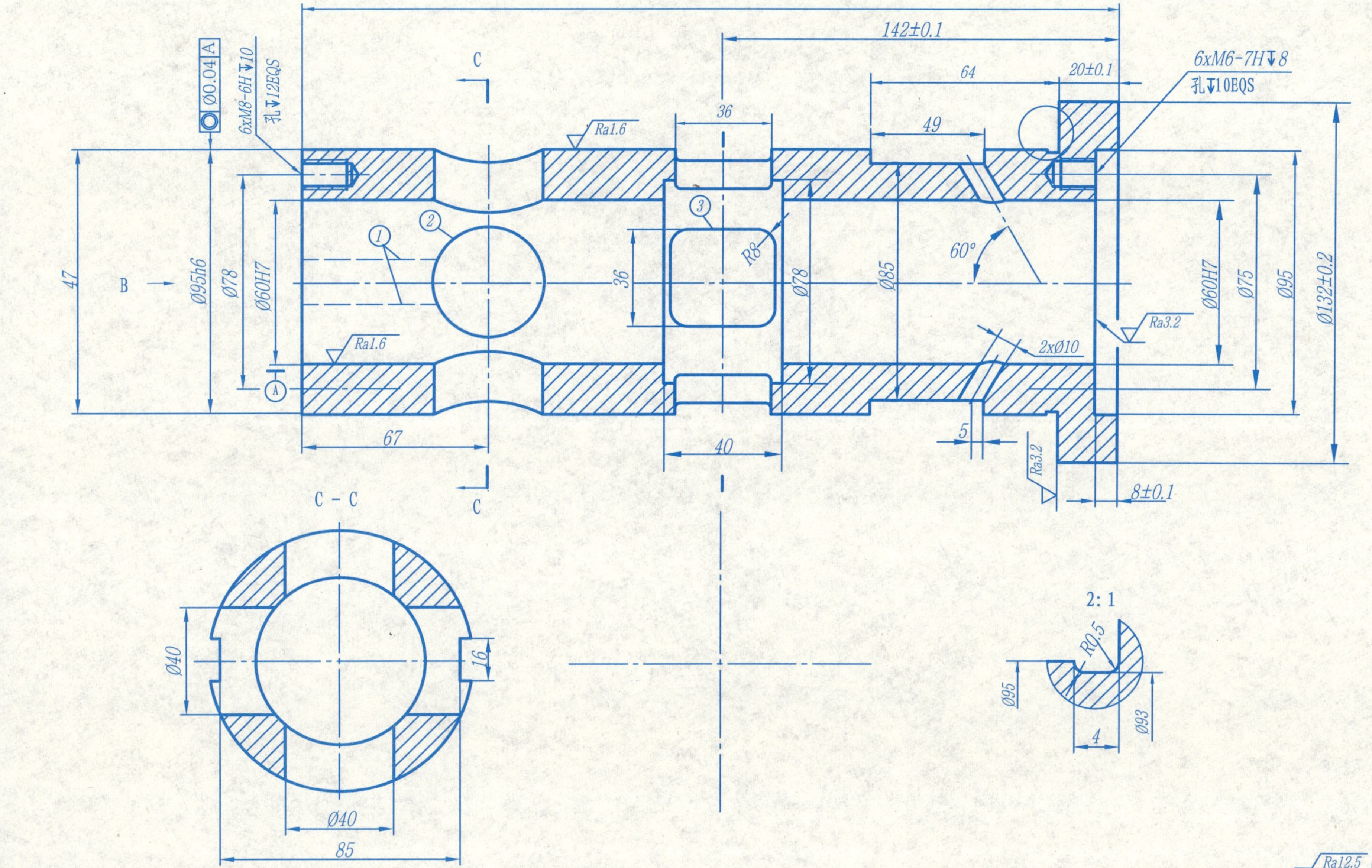

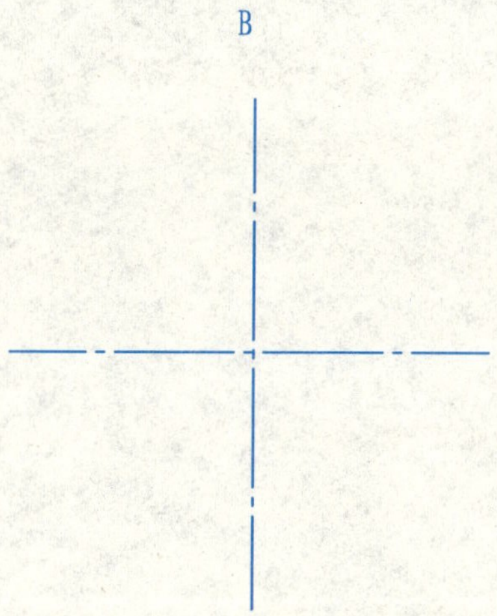

技术要求

1. 锐边倒钝，未注倒角C2;
2. 全部螺孔均有倒角C1.

回答问题:

（1）在图中分别标出零件的轴向和径向尺寸基准。

（2）图中标有①的部位，所指两条虚线间的距离为___.

（3）图中标有②所指的直径为______。

（4）图中标有③所指的线框，其定型尺寸为________，定位尺寸为________。

（5）靠右端的2×Ø10孔的定位尺寸为________.

（6）说明符号 ◎ Ø0.04 A 的含义：符号◎表示_____，数字Ø0.04表示_____，A是______.

（7）图中的尺寸8±0.1的公差范围是___，它接近于标准公差___级.

（8）表面结构 Ra3.2 处的表面形状为______，它可由 ______ 方法达到.

Ra12.5 （Ra1.6 Ra3.2）

套筒		比例	1:2	图号 13-04
		件数	1	
制图		重量		材料 45
校对		（厂名）		
审核				

12 读泵体零件图，补画其左视外形图。

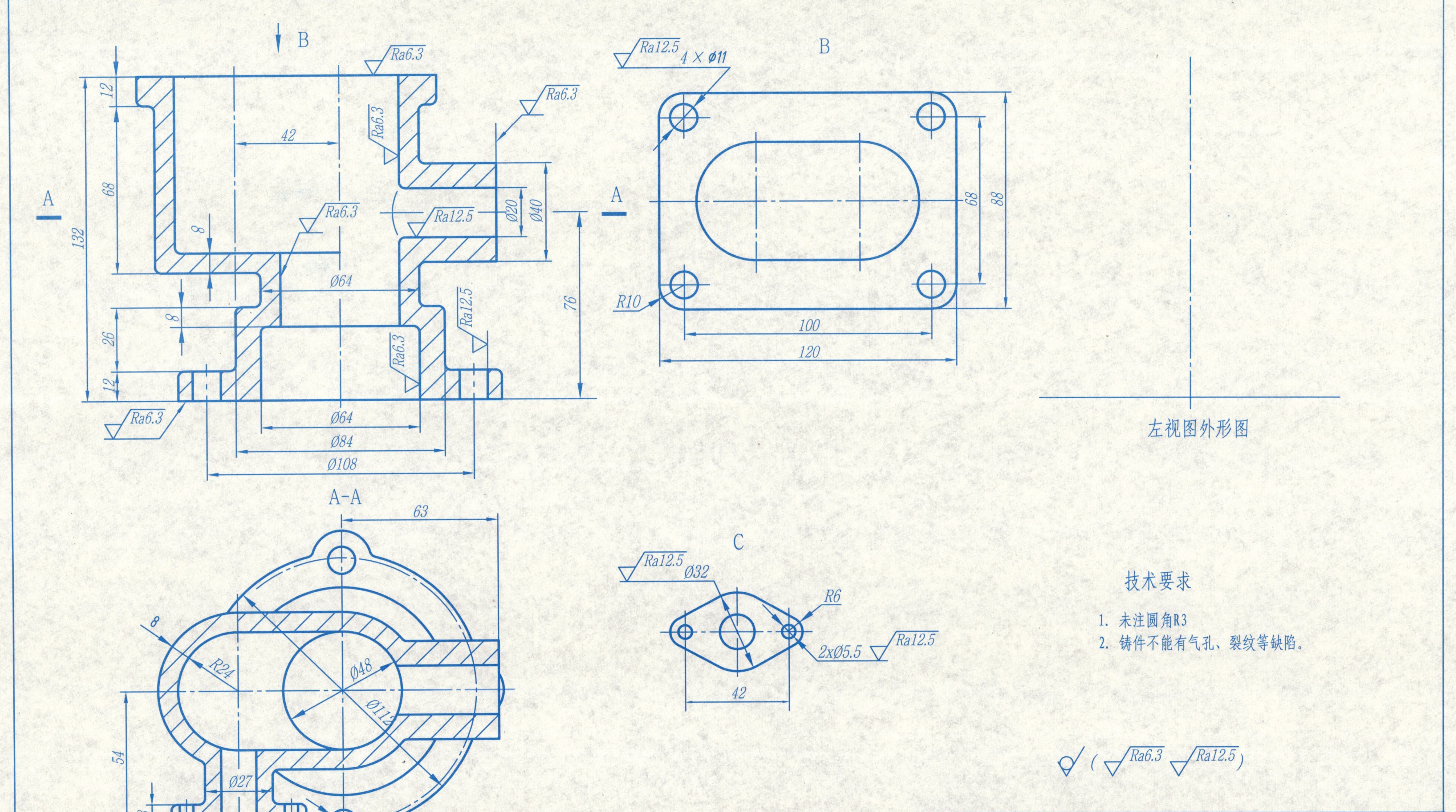

制图			泵 体	图号
校核				
(校名)	班	材料 HT150	数量 1	比例 1:2.5

13　读支架零件图，回答问题。

(1)在指定位置画A-A剖视图。(2)在这张图中用符号"△"标出长、宽、高方向上的主要尺寸基准。

(3)I面的表面结构粗糙度为____，II面的表面结构粗糙度为_____。(4) $\varnothing 27^{+0.021}_{0}$ 是____孔的尺寸，它的标准公差是__级。

(5)在主视图上可以看到$\varnothing$28圆柱的左端面超出连接板，这是为了增加轴孔$\varnothing$15H7的_____面，而连接板的70x80左端面做成凹槽是为了减少__________面。

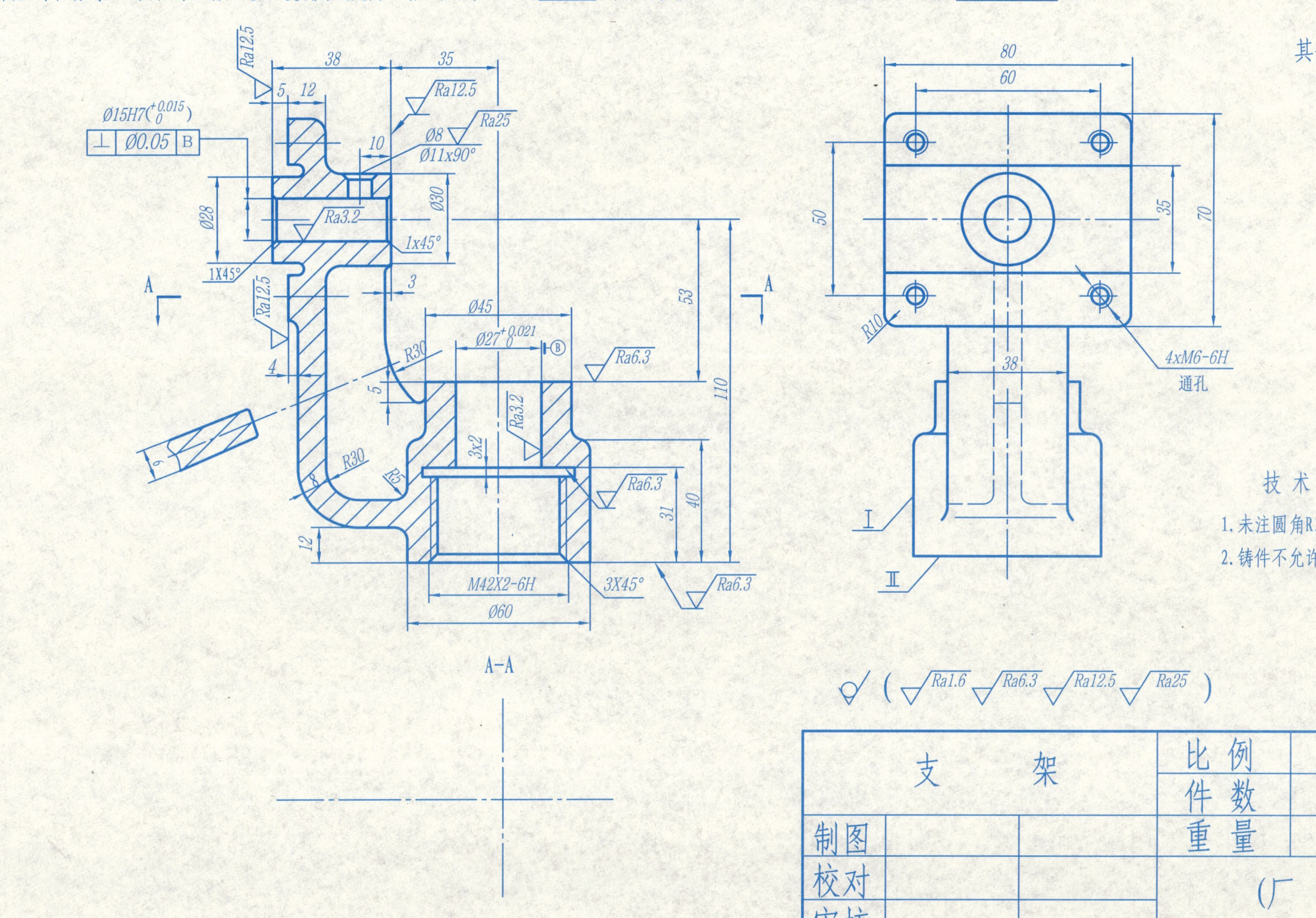

技术要求

1. 未注圆角R3～R5；
2. 铸件不允许有砂眼、缩孔、裂纹等缺陷。

支　　架		比例	1:2	15-02
		件数	1	
制图		重量		HT200
校对		(厂　　名)		
审核				

1 根据给定的零件图画出阀装配图。

阀示意图

4
3
2
1
5
6

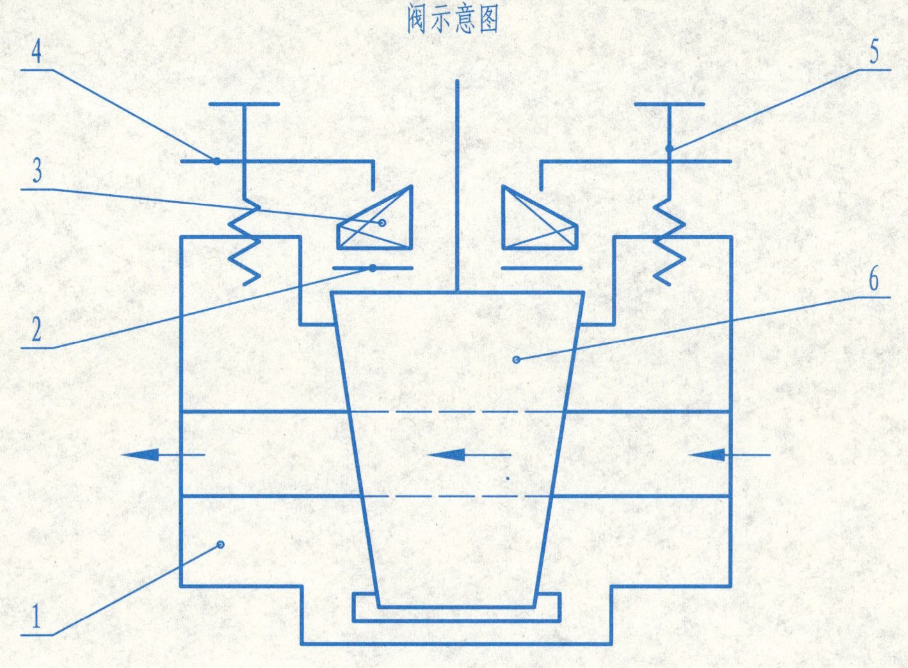

技术要求

1. 当旋塞关闭时无渗漏。
2. 工作压力2.5MPa。
3. 填料压紧后，其厚度约为8毫米。

序号	名称	件数	材料	备注
6	阀杆	1	45	
5	螺栓 M10x25	2	Q235A	GB/T5782
4	填料压盖	1	HT200	
3	填料	1	石棉绳	
2	垫圈	1	Q235A	
1	阀体	1	HT300	

阀G1/2	比例	1:1	HJ01
	件数		
制图	重量		
描图	（单位）		
审核			

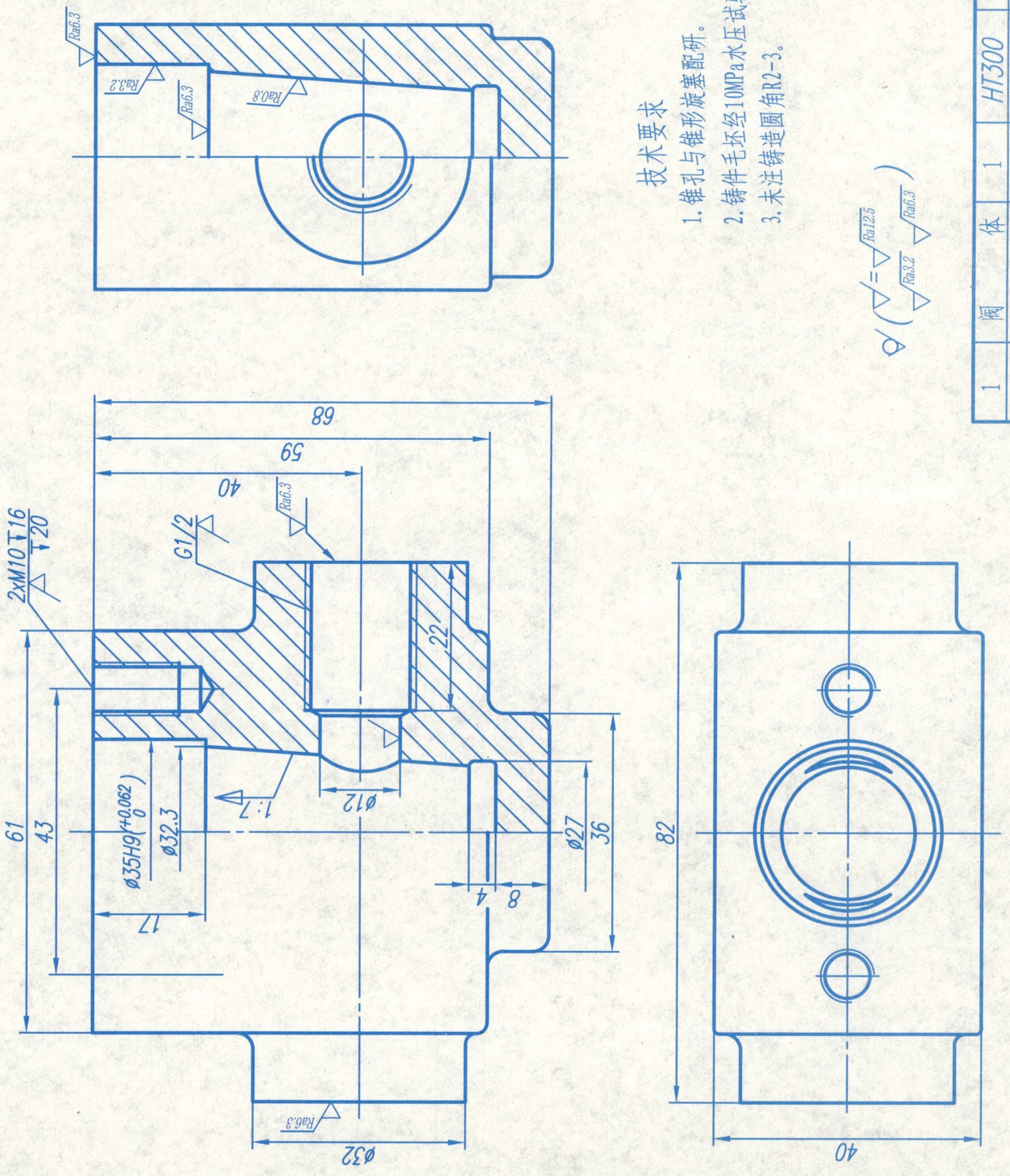

Ra6.3
Ra3.2
Ra6.3
Ra0.8
89
59
40
Ra6.3
G1/2
2xM10↧16
↧20
22
1:7
ø12
61
43
ø35H9(+0.062 0)
ø32.3
17
ø27
36
8
4
82
Ra6.3
ø32
40
技术要求
1. 锥孔与锥形旋塞配研。
2. 铸件毛坯经10MPa水压试验。
3. 未注铸造圆角R2-3。
Ra12.5
Ra3.2
Ra6.3

序号	名称	件数	材料	备注
1	阀体	1	HT300	

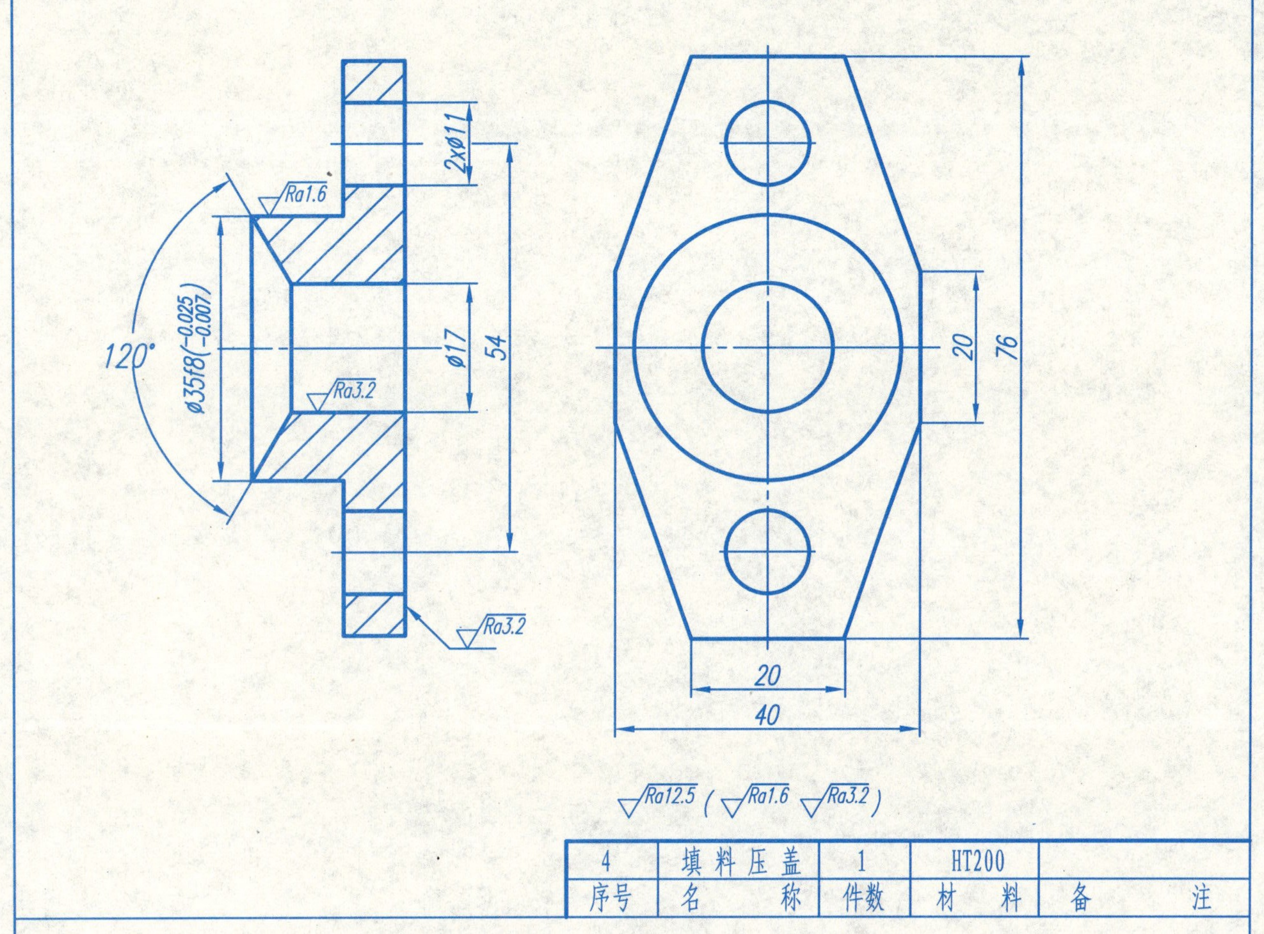

4	填料压盖	1	HT200	
序号	名称	件数	材料	备注

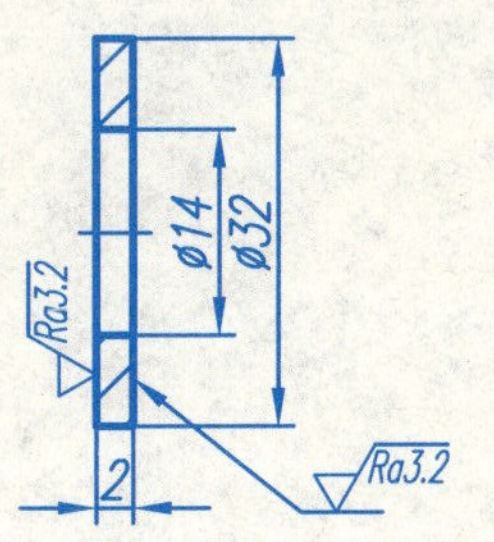

2	垫圈	1	Q235A	
序号	名称	件数	材料	备注

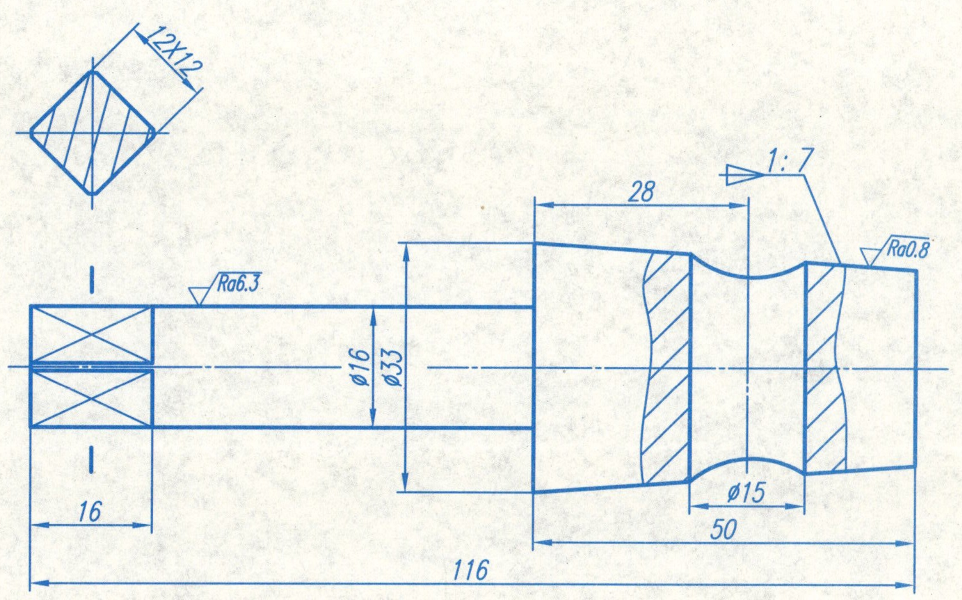

技术要求

锥形旋塞与阀体锥孔配研。

Ra12.5 (Ra0.8 Ra6.3)

6	阀杆	1	45	
序号	名称	件数	材料	备注

2 根据给定的零件图画千斤顶装配图。

千斤顶装配示意图

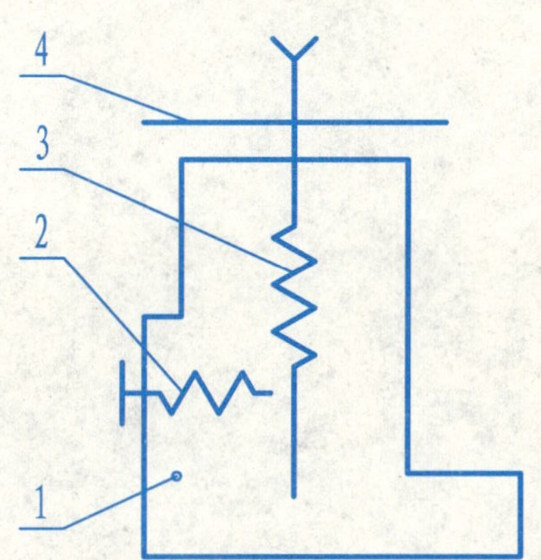

上图是小型螺旋千斤顶的装配示意图，它利用调节螺母与丝杠间的螺纹传动使丝杠上升而顶举重物。

当丝杠调整到所需高度后，再将紧定螺钉拧入丝杠下方的长圆形槽内定位固定。

4	调节螺母	1	35	
3	丝杠	1	45	
2	螺钉 M10X22	1	Q235A	
1	底座	1	HT150	
序号	名 称	件数	材 料	备 注

千斤顶		比例	1:1	HJ02
		件数		
制图		重量		
描图		（单位）		
审核				

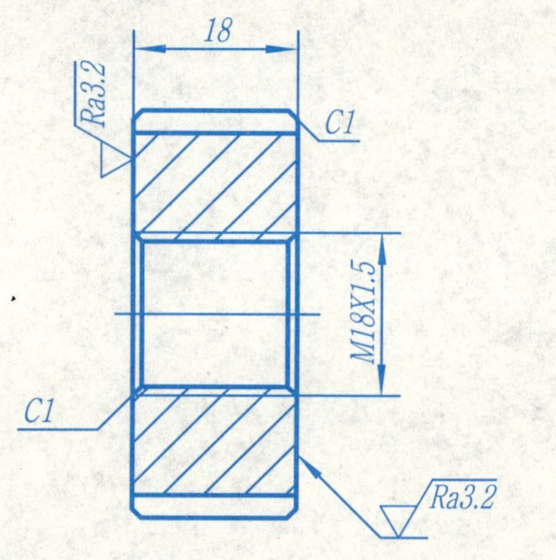

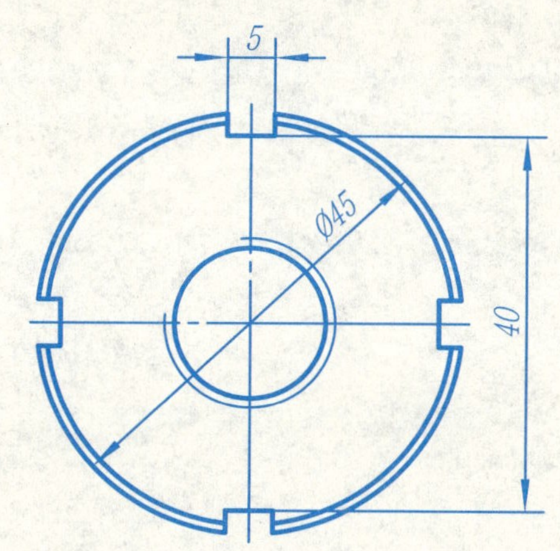

4	调节螺母	1	35	
序号	名 称	件数	材 料	备 注

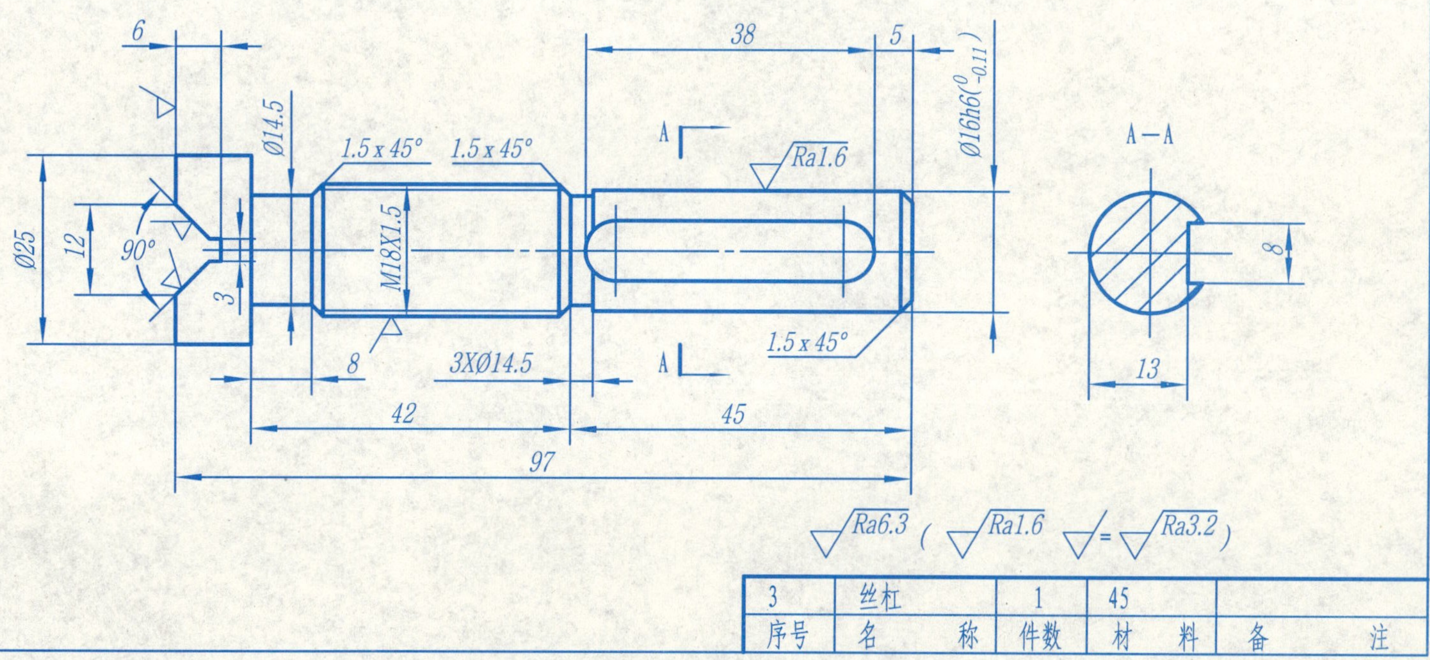

3	丝杠	1	45	
序号	名 称	件数	材 料	备 注

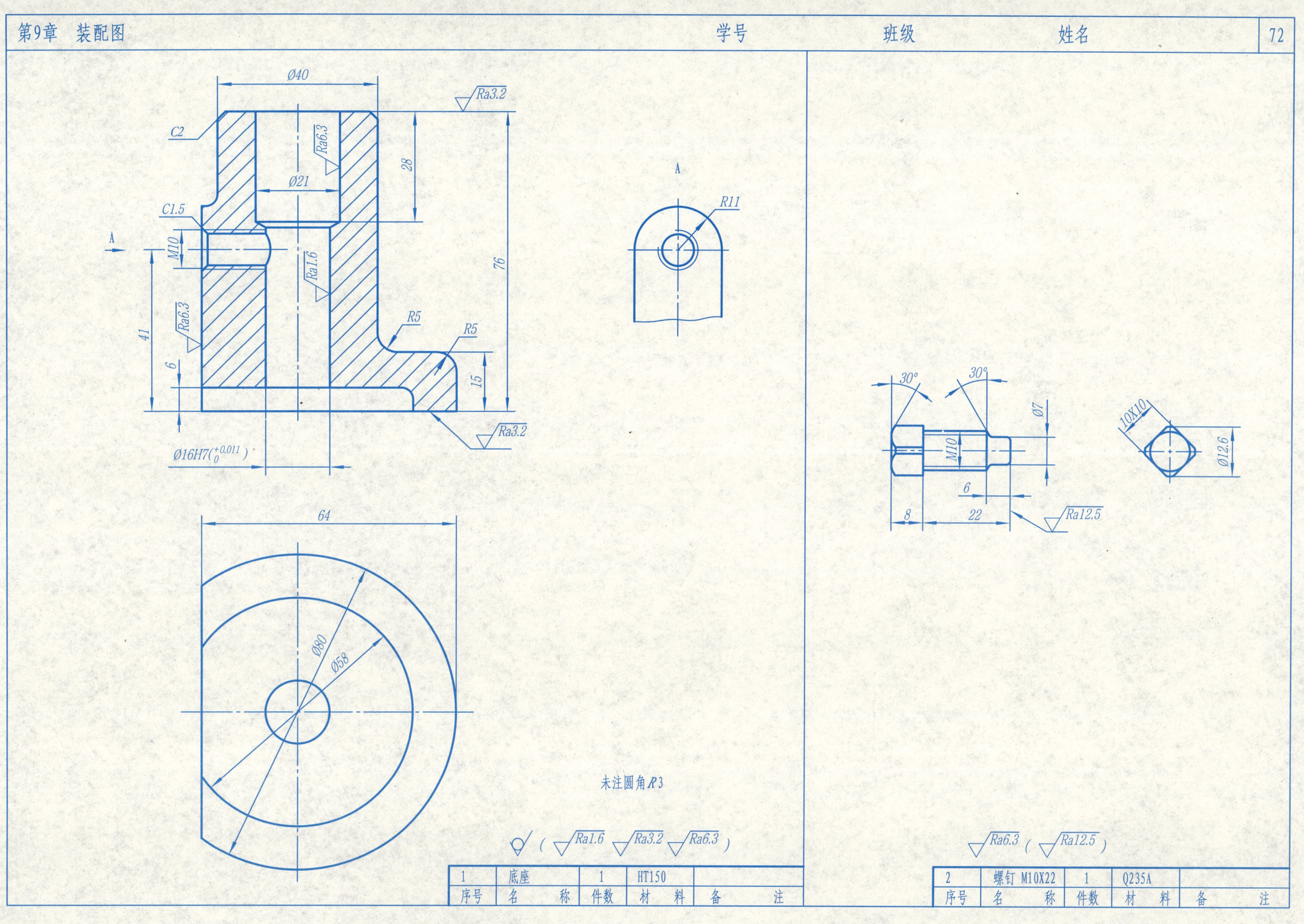
Ø40
Ra3.2
C2
Ra6.3
28
Ø21
C1.5
A
M10
Ra1.6
76
Ra6.3
41
R5
R5
6
15
Ra3.2
Ø16H7($^{+0.011}_{0}$)
A
R11
64
Ø80
Ø58
未注圆角R3
Ra6.3 (Ra1.6 Ra3.2 Ra6.3)
1 底座 1 HT150
序号 名称 件数 材料 备注
30°
30°
Ø7
M10
10X10
Ø12.6
6
8
22
Ra12.5
Ra6.3 (Ra12.5)
2 螺钉 M10X22 1 Q235A
序号 名称 件数 材料 备注

3 根据给定的零件图画出齿轮油泵装配图。

齿轮油泵装配示意图

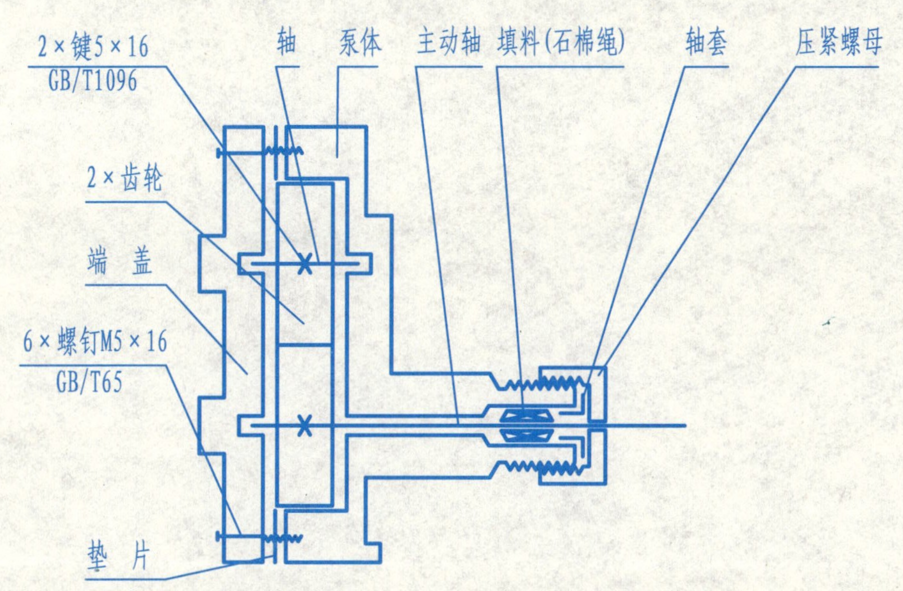

要求：1.表达清楚齿轮油泵的工作原理,各零件安装连接关系,及主体外形特征。
2.标注必要尺寸。
3.编写零部件序号及明细表。
4.提出技术要求。

提示：1.画图时压紧螺母与泵体螺纹旋合长度按7mm绘制。
2.键的尺寸及连接查表画出。
3.螺钉连接画法见教材图例。

技术要求

1.安装后，用手转动输入轴应灵活。
2.两齿轮啮合接触面应占全齿面3/4以上。
3.工作压力2.5MPa，试验压力3MPa。
4.填料压实后，压紧螺母的螺纹旋合长度不大于10mm。

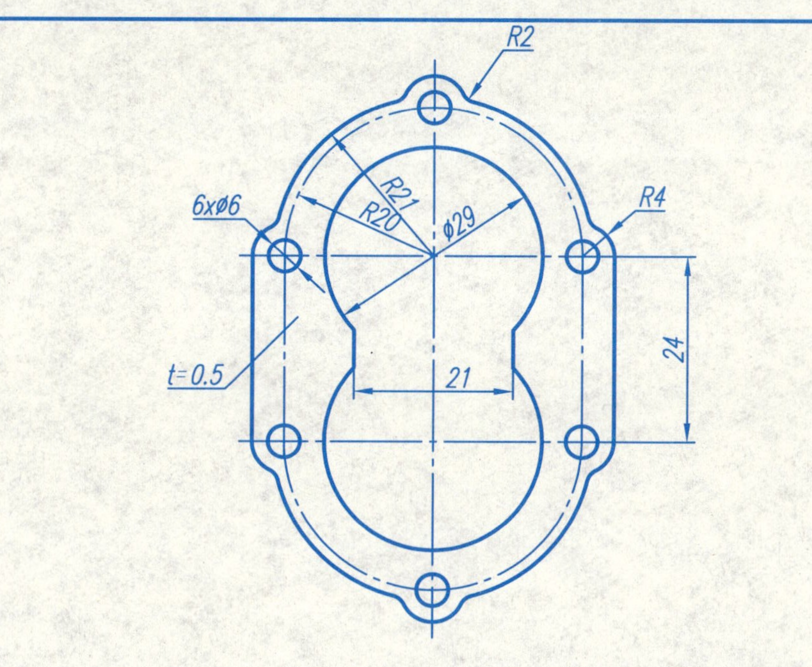

	垫　片	1	工业用纸	
序号	名　称	件数	材　料	备　注

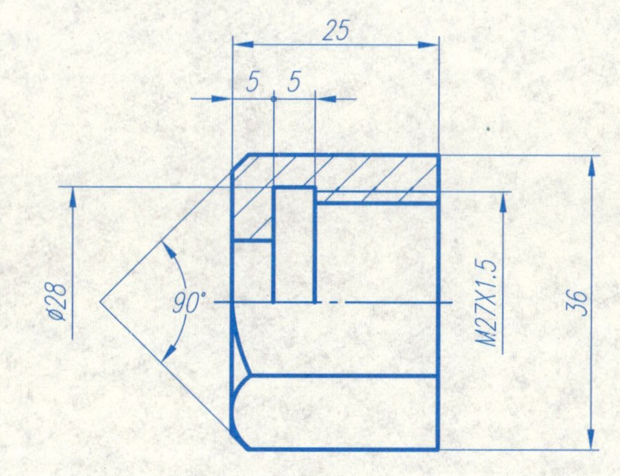

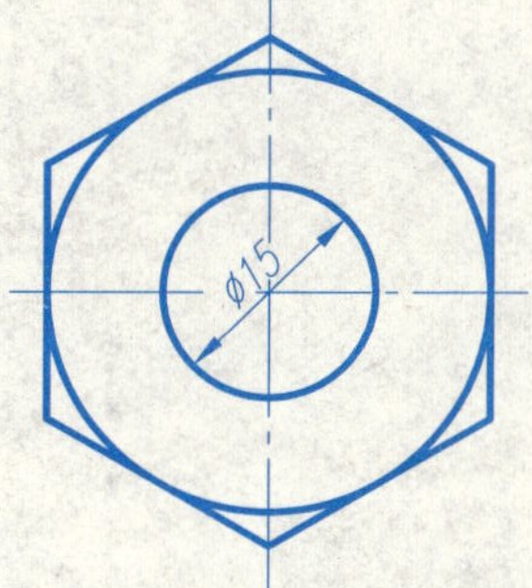

Ra6.3 (√)

	压 紧 螺 母	1	35	
序号	名　称	件数	材　料	备　注

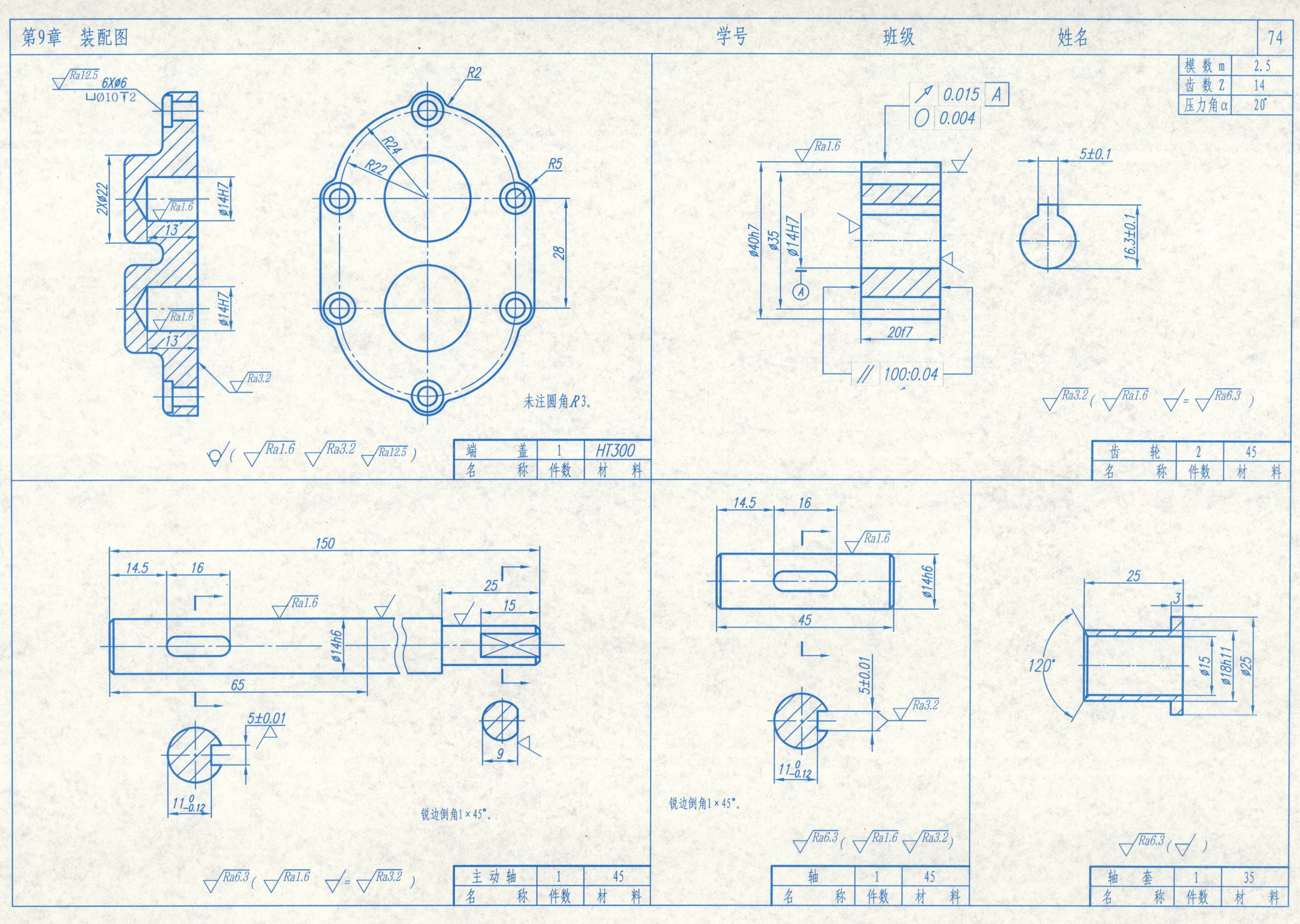

Ra12.5
6XØ6
⌴Ø10⊤2
R2
R24
R22
R5
2XØ22
Ø14H7
Ra1.6
13
28
Ra3.2
未注圆角R3。
Ra1.6 Ra3.2 Ra12.5
端盖 1 HT300
名称 件数 材料
模数 m 2.5
齿数 Z 14
压力角α 20°
0.015 A
0.004
Ra1.6
Ø40h7
Ø35
Ø14H7
A
20f7
100:0.04
5±0.1
16.3±0.1
Ra3.2 Ra1.6 Ra6.3
齿轮 2 45
名称 件数 材料
150
14.5
16
25
15
Ra1.6
Ø14h6
65
5±0.01
9
11 0 -0.12
锐边倒角1×45°。
Ra6.3 Ra1.6 Ra3.2
主动轴 1 45
名称 件数 材料
14.5
16
Ra1.6
Ø14h6
45
5±0.01
Ra3.2
11 0 -0.12
锐边倒角1×45°。
Ra6.3 Ra1.6 Ra3.2
轴 1 45
名称 件数 材料
25
3
120°
Ø15
Ø18h11
Ø25
Ra6.3
轴套 1 35
名称 件数 材料

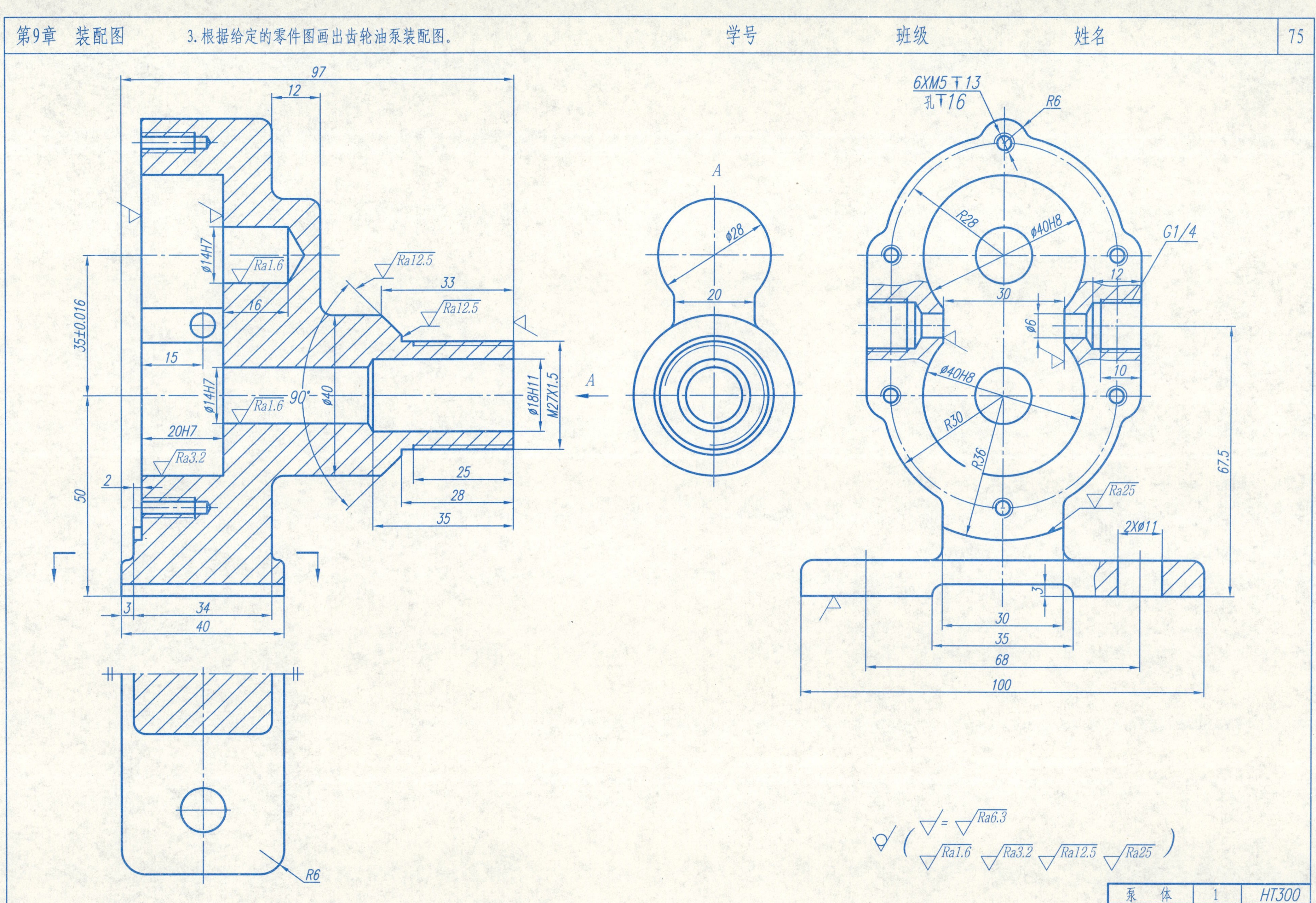
97
12
33
Ra12.5
Ra12.5
ø14H7
Ra1.6
16
35±0.016
15
ø14H7
Ra1.6
90°
ø40
ø18H11
M27X1.5
20H7
Ra3.2
2
50
25
28
35
3
34
40
R6
A
A
ø28
20
6XM5 ⊤13
孔⊤16
R6
R28
ø40H8
G1/4
12
30
ø6
ø40H8
10
R30
R36
67.5
Ra25
2Xø11
3
30
35
68
100
Ra6.3
Ra1.6
Ra3.2
Ra12.5
Ra25
泵　体
1
HT300
名　称
件数
材　料

4 看懂台钳装配图，拆画零件1（固定钳身）。

该台钳是钳工装卡工件的工具，装卡宽度范围0~45mm。固定钳身通过螺杆与压块固定于工作台上。转动摇杆带动丝杠使左端活动钳身靠拢或张开。紧定螺钉用于限位。导杆左端固定于活动钳身，右端插入固定钳身的圆孔中，起导向作用。

序号	名称	件数	材料	备注
10	压块	1	35	
9	螺杆	1	45	
8	手轮	1	HT200	
7	摇杆	1	45	
6	手柄	2	Q235A	
5	螺钉 M5×10	1	Q235A	GB/T75
4	活动钳身	1	HT300	
3	丝杠	1	45	
2	导杆	2	45	
1	固定钳身	1	HT300	

台钳		比例		HJ07
		件数		
制图		重量		
描图		(单位)		
审核				

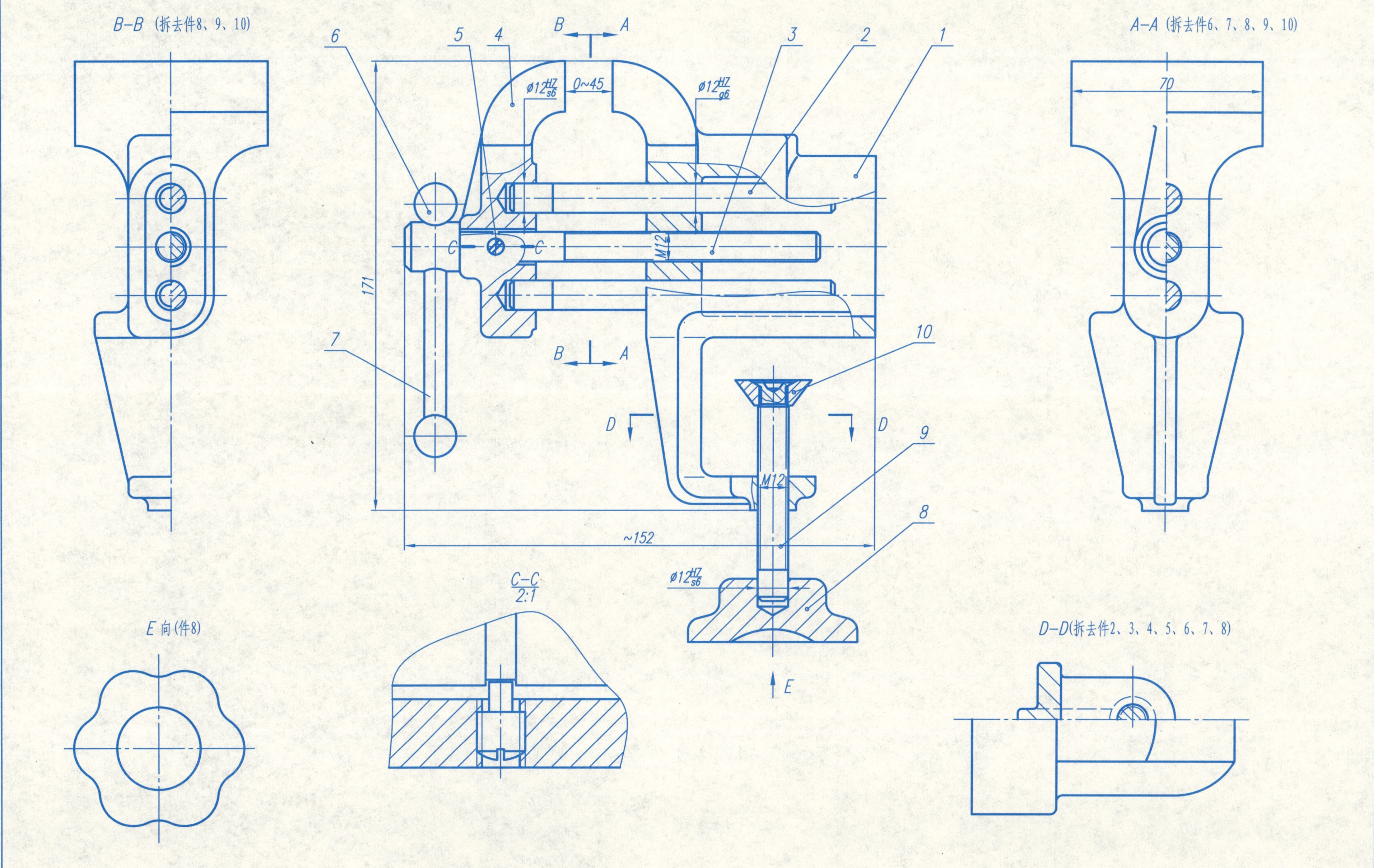
B-B（拆去件8、9、10）
A-A（拆去件6、7、8、9、10）
70
6
5
4
3
2
1
B
A
Ø12H7/s6
0~45
Ø12H7/g6
C
C
M12
171
7
10
D
D
9
M12
~152
8
Ø12H7/s6
E
C-C
2:1
E向（件8）
D-D(拆去件2、3、4、5、6、7、8)

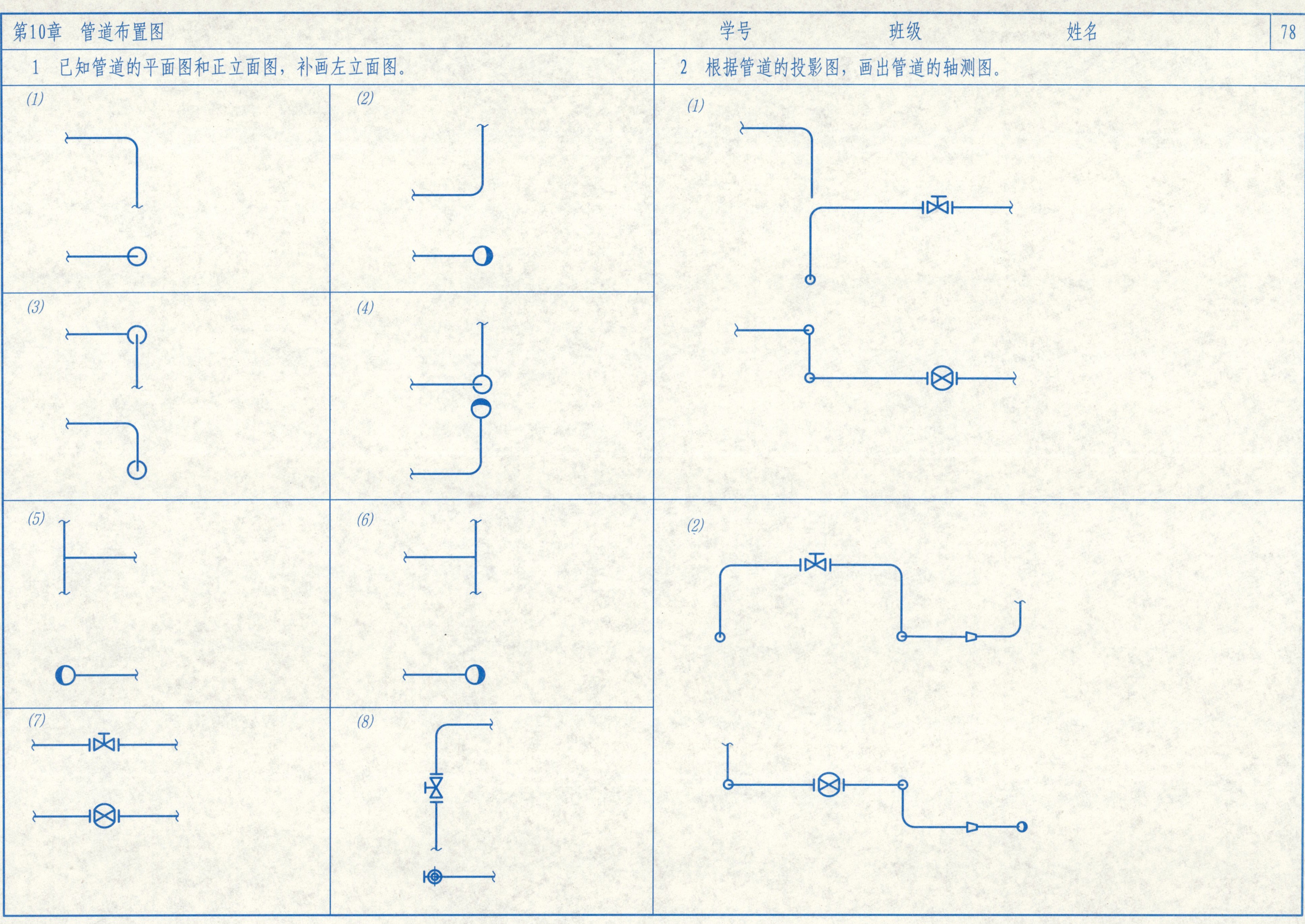
1 已知管道的平面图和正立面图，补画左立面图。
2 根据管道的投影图，画出管道的轴测图。
(1)
(2)
(3)
(4)
(5)
(6)
(7)
(8)
(1)
(2)

3　根据管道的轴测图绘制它的平面图和正立面图。

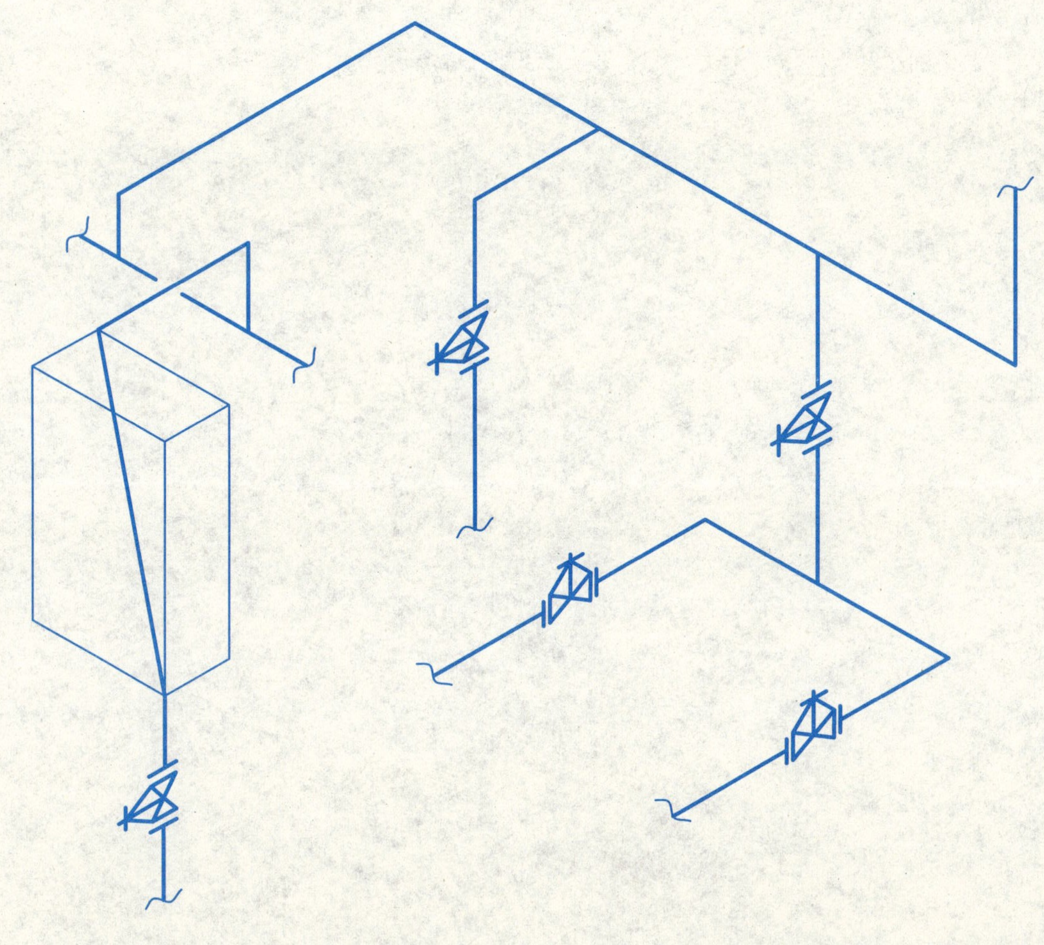